UNE CONSTITUTION POUR L'EUROPE ?

Références inédites

UNE CONSTITUTION POUR L'EUROPE ?

sous la direction de
Renaud Dehousse

PRESSES DE SCIENCES PO

Catalogage Électre-Bibliographie (avec le concours des Services de documentation de la FNSP)

Une Constitution pour l'Europe ? / Dehousse, Renaud (dir.) – Paris : Presses de Sciences Po, 2002. – (Références inédites)
ISBN 2-7246-0865-8
RAMEAU : droit constitutionnel (droit européen)
DEWEY : 341.23 : Droit international public. Organisations de la Communauté économique européenne

Public concerné : Niveau universitaire. Public motivé

Couverture : Emmanuel Le Ngoc

Ont contribué à cet ouvrage

Vlad CONSTANTINESCO, professeur au Centre d'études internationales et européennes, Université Robert-Schuman, Strasbourg

Renaud DEHOUSSE, professeur Jean-Monnet à l'Institut d'études politiques de Paris

Florence DELOCHE-GAUDEZ, chargée de mission au Centre européen de Sciences Po

Luis DIÉZ-PICAZO, professeur à l'Instituto de empresa, Madrid

Dieter GRIMM, recteur du *Wissenschaftskolleg zu Berlin*, ancien juge de la Cour constitutionnelle allemande

Christine LANDFRIED, professeur à l'Université de Hambourg

Joseph H. H. WEILER, European Union Jean Monnet Professor à la New York University School of Law, New York

Table des matières

Introduction

Depuis quelque temps, l'Europe semble en proie à une véritable « fièvre constitutionnelle ». Le moment est-il venu pour l'Union européenne de se doter d'une Constitution ? Si oui, quel doit en être le contenu ? Et quelles en seront les implications pour la souveraineté des États membres ?

Le coup d'envoi du débat a été donné par le ministre allemand des Affaires étrangères, Joschka Fischer, dans un discours prononcé à l'Université Humboldt de Berlin le 12 mai 2000, à l'occasion du cinquantième anniversaire de la Déclaration Schuman. Évoquant la nécessité d'une relance de l'intégration européenne et d'une évolution vers une forme d'organisation fédérale, il devait envisager en termes prudents l'hypothèse d'un « nouveau traité fondamental européen », première étape d'une fédération qu'il appelait de ses vœux. Un tabou était ainsi brisé car, si l'idée d'une Constitution européenne appartenait au registre des revendications traditionnelles des fédéralistes européens, elle prenait un relief nouveau dans la bouche du chef de la diplomatie du plus grand pays de l'Union.

L'importance de cette percée sémantique devait apparaître rapidement. Au cours des mois qui suivirent, les chefs d'État et de gouvernement de la plupart des États membres devaient réagir avec plus ou moins de solennité aux propos de Joschka Fischer. Tour à tour, le président italien Carlo Azeglio Ciampi, le président français Jacques Chirac, le Premier ministre britannique Tony Blair, le Premier ministre italien Giuliano Amato, le Premier ministre belge Guy Verhofstadt, le chancelier Gerhard Schröder, suivi de nombre de leurs pairs [1], vont ainsi prendre position quant à la nécessité d'une Constitution européenne. Si tous ces discours ne brillaient pas par leur originalité, le simple fait que s'engage de la sorte un véritable débat transnational sur l'avenir de l'Europe mérite d'être relevé, car il est sans précédent. De façon tout aussi significative, le Premier ministre français, Lionel Jospin, qui avait rechigné à se joindre à ce chœur, va faire l'objet de pressions croissantes jusqu'à ce qu'il fasse connaître son opinion en mai 2001 : dans le nouveau contexte qui se dessinait, son silence était perçu comme une anomalie.

Deux autres éléments vont contribuer au développement du débat constitutionnel. En juin 1999, sur proposition de la présidence allemande, le Conseil européen de Cologne a décidé de lancer la préparation d'une Charte européenne des droits fondamentaux, destinée à codifier les droits protégés par différents instruments « afin d'ancrer leur importance exceptionnelle et leur portée de manière plus visible pour les citoyens de l'Union. » Dérogeant à la pratique des conférences intergouvernementales, le Conseil a choisi de confier la rédaction de ce document à une assemblée dans laquelle des représentants des parlements nationaux et du Parlement européen figuraient aux côtés des représentants des chefs d'État et de gouvernement et de la Commission. Même si le destin

1. Les plus significatifs de ces discours sont repris en annexe.

de la charte, « proclamée » à Nice par les représentants des institutions européennes, mais pour l'heure dépourvue de portée contraignante, reste incertain, la relative transparence des débats au sein de cette enceinte – bientôt rebaptisée « convention » – et son ouverture aux représentants de cette nébuleuse des temps modernes qu'est la « société civile » vont frapper les esprits. Qui plus est, la préparation de ce document va contribuer à alimenter le débat sur le modèle de société que l'on entend voir se développer au niveau européen.

L'intérêt pour le précédent d'une assemblée « quasi constituante » comme la Convention va devenir d'autant plus grand que le Conseil européen de Nice, s'il a ouvert la porte à l'adhésion d'une douzaine de pays candidats, a aussi projeté un éclairage brutal sur toutes les faiblesses de la formule classique des conférences intergouvernementales. Absorbés par des enjeux de pouvoir plus symboliques que réels, les négociateurs de Nice se sont perdus dans des marchandages obscurs, sans parvenir à apporter une réponse à deux questions clés : quelles seront les ambitions de l'Europe élargie ? Et comment cette dernière devrait-elle être organisée pour parvenir à ses fins, tout en répondant à l'attente de citoyens qui souhaitent avoir leur mot à dire sur ce qui se décide à ce niveau ?

Du reste, le Conseil européen lui-même semble s'être inquiété de la modestie des résultats au regard des enjeux du moment. Dans une *Déclaration sur l'avenir de l'Union* jointe au traité de Nice, les Quinze posent les jalons de ce que devra être à leurs yeux le débat des années à venir [1]. Annonçant d'emblée l'ouverture d'un grand chantier institutionnel, appelé à déboucher en 2004, « après un débat large et approfondi », sur une nou-

1. Voir l'annexe V, p. 285.

velle réforme des traités – la cinquième en moins de vingt ans –, cette déclaration énumère un certain nombre de questions qui devront être abordées dans ce cadre : répartition des compétences entre l'Union et ses États membres, simplification des traités, statut de la charte européenne des droits fondamentaux, rôle des parlements nationaux dans l'architecture institutionnelle européenne. La nature « constitutionnelle » de ces questions est incontestable, tout comme le fait qu'elles posent de différentes façons une question fondamentale : comment améliorer les contrôles exercés sur les activités des institutions européennes, tant par les États membres que par l'ensemble des citoyens ? On voit ainsi apparaître en filigrane l'image de l'hydre bruxelloise, tant décriée depuis le traité de Maastricht. La liste des questions arrêtée à Nice n'est cependant pas limitative ; certains gouvernements évoquent ouvertement la nécessité d'une clarification des finalités de l'Union, voire l'opportunité d'un texte refondateur [1]. Le Parlement européen leur a emboîté le pas [2]. À l'évidence, le débat constitutionnel a de beaux jours devant lui.

Cet ouvrage a pour ambition de permettre au lecteur de mieux appréhender les enjeux de ce débat. Il passe en revue les grandes questions qui sous-tendent la question constitutionnelle. Trop souvent, en effet, le « consensus mou » qui a caractérisé les premières phases de la construction européenne n'a été préservé qu'en passant sous

1. Françoise de La Serre, « Le traité de Nice : déconstruction ou refondation de l'Union », *Politique étrangère,* février 2001, 259-275 ; Jean-Louis Quermonne, « Le chantier institutionnel européen après Nice », *Cahiers européens de Sciences Po,* 2, 2001, *http://www.portedeurope.org/documents/cahier 02 2001.pdf.* Jean-Louis Quermonne, *L'Europe en quête de légitimité*, Paris, Presses de Sciences Po, 2001.

2. Rapport du Parlement européen sur la constitutionnalisation des traités, A5-0289/2000, 12 octobre 2000 (rapporteur : Olivier Duhamel).

silence des divergences de vues assez radicales. Des convergences purement sémantiques masquent des ambitions fort différentes. Nombre des partisans d'une charte constitutionnelle y voient avant tout un moyen de rogner les ambitions de l'Europe communautaire en gravant dans le marbre les droits inviolables des États souverains, tandis que l'invocation rituelle des droits du citoyen sert parfois de paravent à des tentatives pour protéger les intérêts d'acteurs en place. Et que dire de la notion de « fédération d'États-nations », plébiscitée parce qu'elle apparaît à certains comme une promesse de statu quo ?

Pour bien saisir la portée des débats actuels, une mise en perspective historique était nécessaire. Le chapitre 1 s'efforce ainsi de montrer que l'idée d'une Constitution européenne s'inscrit dans le droit fil de la logique réformatrice de l'après-guerre, qui tend à substituer une logique de régulation aux rapports de puissance entre les États européens. Analysées sous cet angle, les innovations du droit européen – soumission des États au droit, mise en place de mécanismes de contrôle judiciaire, multiplications de droits subjectifs assortis de possibilités de recours individuels – ne sont pas sans affinités avec l'esprit libéral qui a inspiré les constitutions nationales.

Dans le chapitre 2, Luis Díez-Picazo souligne que cette évolution a considérablement amoindri la portée du concept de souveraineté. Érodée par le constitutionnalisme, affaiblie par le développement de l'interdépendance entre les nations modernes, la souveraineté apparaît aujourd'hui comme le reliquat d'une vision dépassée de l'État. Il n'empêche qu'elle conserve un pouvoir de mobilisation politique non négligeable, comme l'ont montré les campagnes référendaires auxquelles on a assisté dans plusieurs pays au cours de la dernière décennie. Une des faiblesses de l'intégration européenne tient sans doute à ce qu'elle n'est pas parvenue à formuler un projet dans des termes aussi mobilisateurs. On voit toutefois mal comment construire au départ de l'idée de souveraineté une forme de communauté internationale adaptée aux réalités modernes.

Dans ce contexte, quelle pourrait être la valeur ajoutée d'une Constitution européenne ? À cette question, Dieter Grimm apporte, au chapitre 3, la réponse d'un constitutionnaliste, pour lequel la différence essentielle entre un traité et une Constitution réside dans la localisation du pouvoir constituant. Alors que le traité est le produit d'un accord entre États, la Constitution, elle, représenterait un acte d'autodétermination de la société européenne. Voilà qui est de nature à nous permettre de jauger le produit final des réformes qui pourraient être décidées dans le futur : tant que le pacte constitutif de l'Europe – quelle qu'en soit la dénomination – restera le fruit d'une décision des gouvernements, il sera abusif de parler de Constitution. En revanche, les autres questions que l'on associe traditionnellement au débat constitutionnel – entrée en vigueur de la Charte des droits fondamentaux, démocratisation de la prise de décision, adoption d'un catalogue de compétences – en sont fondamentalement distinctes : chacune de ces réformes pourrait être menée à bien dans le cadre des traités.

Posée en ces termes, la question en appelle irrésistiblement une autre : existe-t-il une société européenne ? Pour Dieter Grimm, la réponse est pour le moment négative ; c'est pourquoi il estime préférable qu'à l'heure actuelle les décisions fondamentales sur l'avenir de l'Union soient prises au niveau national, où un contrôle démocratique peut s'exercer. Tout autre est la réponse de Christine Landfried au chapitre 4 : en dépit de la faiblesse des organismes transnationaux et de la pauvreté du débat européen, nous dit-elle, les signes avant-coureurs annonçant l'émergence d'une opinion européenne sont nombreux. Il convient d'encourager ce processus en mettant en place au niveau européen un véritable centre de pouvoir, capable de réagir aux demandes et aux critiques de l'opinion publique. Elle appelle ainsi de ses vœux la mise en place d'un « État constitutionnel européen », modelé sur les systèmes parlementaires qui existent au niveau national.

Faut-il pour autant se résoudre au caractère inéluctable d'une évolution vers une forme d'État européen ? Joseph Weiler (chap. 6) s'inscrit en faux contre cette affirmation, en faisant valoir qu'à bien des égards l'Union européenne apparaît comme une innovation dans la gamme des organisations politiques. À mi-chemin entre l'État fédéral et les modèles confédéraux, elle a inventé un mode de relations entre États sans précédent, érigeant la tolérance et le respect de l'autre en principes fondateurs. Cette fonction civilisatrice, que l'on aimerait voir adoptée plus souvent sous d'autres latitudes, n'en fait-elle pas une forme d'organisation plus intéressante que le modèle étatique, fût-il fédéral, vers lequel d'aucuns souhaiteraient la voir évoluer ?

Vlad Constantinesco (chapitre 5) s'attache lui aussi à mettre en relief la spécificité du mode d'organisation communautaire, en s'efforçant de cerner les contours du concept de « fédération d'États-nations », en faveur duquel nombre de responsables politiques français se sont prononcés. Sans doute ce succès est-il en partie dû à l'ambiguïté fondamentale de la notion, que l'on entend proposer en alternative à celles – déjà passablement floues – de fédération et de confédération. Il souligne toutefois que cette quête d'originalité n'est pas nécessairement motivée par une vaine coquetterie intellectuelle : elle répond à la nécessité de parfaire et de stabiliser un modèle nouveau d'organisation politique, sans se laisser « paralyser par des étiquettes » !

Quels que soient les choix qui seront faits demain en matière d'organisation institutionnelle, il semble y avoir aujourd'hui une volonté nette de dépasser la procédure intergouvernementale de réforme des traités et de mettre en place un mécanisme inspiré par la Convention qui a élaboré la Charte des droits fondamentaux. Dans le chapitre 7, Florence Deloche-Gaudez met en évidence le fait que la composition et le mode de fonctionnement de cette assemblée ont permis l'apparition de véritables dynamiques de délibération et d'un débat public embryonnaire. Ce sont là des acquis dignes d'intérêt si l'on souhaite renforcer le débat politique au niveau européen. Reste cependant à identifier un mode de fonctionnement qui permette de produire un résultat ralliant un maximum de suffrages sans heurter les intérêts fondamentaux de tel ou tel État. Cela nous renvoie en définitive à la question qui a été évoquée plus haut : quel doit être le poids des appareils d'État et celui de la société civile dans l'adoption de ce qui sortira du « grand débat » que les chefs d'État et de gouvernement ont appelé de leurs vœux ?

En mettant en lumière les multiples facettes de ce débat constitutionnel, cet ouvrage entend permettre aux citoyens européens de mieux appréhender les enjeux des discussions à venir. Il espère aussi leur permettre de se forger une opinion sur les choix qui devront être faits. La plupart des contributions prennent ainsi position sur les réformes nécessaires pour permettre à l'Union européenne de mieux asseoir sa légitimité. À ce niveau, on a évité toute tentative de recherche d'un hypothétique consensus : un des intérêts de l'ouvrage tient en effet à la variété des perspectives qu'il offre et à la diversité des solutions qui y sont envisagées. Au lecteur de faire son choix…

Renaud DEHOUSSE

Chapitre 1

Un nouveau constitutionnalisme ?

L'idée d'une Constitution européenne apparaît comme un des avatars d'un mouvement de réforme, né en Europe au lendemain de la seconde guerre mondiale, et qui tend à substituer une logique de coopération à la logique de puissance qui a pour l'essentiel caractérisé les relations entre États européens jusqu'en 1945. Si cette logique est souvent associée à l'idée de transferts de souveraineté à des institutions supranationales – idée qui a fait couler tant d'encre au lendemain du traité de Maastricht –, on ne doit pas pour autant oublier qu'elle comporte d'autres aspects tout aussi importants : la soumission des décisions étatiques – individuelles ou collectives – à l'empire du droit ; l'octroi de pouvoirs de contrôle à des organes judiciaires ; la possibilité pour les personnes privées de s'immiscer dans les rapports inter-étatiques en soumettant à ces organes des litiges qui affectent leurs intérêts.

Ces éléments ont constitué le terreau politico-institutionnel dans lequel a pu se développer l'intégration européenne. Incontestablement, ils ouvraient une ère nouvelle dans les relations internationales : il ne s'agissait plus seulement d'assigner certaines limites à la liberté des États – ce que faisaient déjà bien des traités –, mais on prévoyait la possibilité de contrôles destinés à assurer l'effectivité de ces principes.

Bien que la nouveauté de cette construction ait été soulignée à maintes reprises, les débats actuels semblent indiquer qu'elle mérite que l'on y revienne : trop souvent, en effet, on semble procéder comme si concepts et institutions pouvaient faire l'objet d'une transposition mécanique du niveau national au niveau régional. C'est toutefois perdre de vue une réalité première : l'originalité de l'intégration régionale tient à ce qu'elle a pour but d'unir des États sans pour autant les fondre dans une structure étatique commune. Dans cette entreprise politique sans précédent, il est certainement possible de recourir à des techniques empruntées aux constructions étatiques, car les inventions pures et simples sont rares en matière institutionnelle. Cependant, ces outils doivent être maniés avec prudence, en tenant compte des spécificités du contexte dans lequel ils doivent être utilisés. Une Constitution ou une déclaration des droits ne peuvent revêtir la même signification au niveau international qu'au niveau national. Quant au fonctionnement des institutions, il doit être pensé en fonction du rôle central que jouent les États dans l'édifice européen.

Ce chapitre s'efforcera donc de cerner les éléments de base de la forme nouvelle de *constitutionnalisme transnational* qui s'est développée en Europe au cours des dernières décennies, avec l'espoir de poser quelques jalons qui permettent de mieux appréhender les débats actuels.

Les États soumis au droit

La remise en cause du primat de la souveraineté étatique constitue la clé de voûte de l'intégration européenne. Pour les pionniers de la cause européenne, au lendemain des deux conflits mondiaux qui avaient saigné à blanc l'Europe, avec leur cortège de ruines et de barbarie, il était clair qu'il fallait dépasser le système hérité de la paix de Westphalie, construit sur le principe d'une souveraineté illimitée des États, et dans lequel les rapports interétatiques étaient avant tout des rapports de force. L'idée d'un nouvel ordre européen, dans lequel les « monstres froids » que constituent les États seraient soumis à un ensemble de principes régulateurs, apparaissait comme la seule alternative à l'« état de nature » dans lequel les appareils étatiques avaient coexisté jusqu'alors.

Il était naturel que cet effort de réorganisation porte en premier lieu sur les droits de l'homme, avant que Jean Monnet et Robert Schuman ne découvrent, avec l'idée de « solidarités de fait [1] », le moyen d'enclencher une logique vertueuse de collaboration. La nécessité de garde-fous contre les atrocités qui avaient marqué la seconde guerre mondiale faisait l'objet d'un vaste consensus. Le préambule de la Convention européenne des droits de l'homme, signée à Rome le 4 novembre 1950, évoque « un patrimoine commun d'idéal et de traditions politiques, de respect de la liberté et de prééminence du droit ». Sous un discours fortement teinté de jusnaturalisme, on voit clairement poindre la volonté politique de soumettre l'action des États au contrôle de ce que l'on n'appelait pas encore la communauté internationale. C'est précisément parce que ce « patrimoine commun » n'avait pas empêché les atrocités que l'on sait que l'on ressentait la nécessité de conférer à ces principes

1. Dans sa déclaration du 9 mai 1950, Schuman affirmait que : « L'Europe ne se fera pas d'un coup, ni dans une construction d'ensemble : elle se fera par des réalisations concrètes, créant d'abord une solidarité de fait. »

supérieurs la force de règles de droit, auquel nul gouvernement ne devait pouvoir se soustraire. Du reste, pour nombre de partisans d'une déclaration européenne des droits de l'homme, le caractère contraignant de la convention était essentiel : il fallait dépasser le cap des principes purement déclaratoires, auxquels s'était arrêtée la Déclaration universelle des droits de l'homme, adoptée par l'Assemblée générale des Nations unies en décembre 1948 [1].

Le but premier de cette entreprise, comme de la protection internationale des droits de l'homme dans son ensemble, était d'enchaîner l'État dans un réseau d'engagements internationaux qui pourraient être invoqués à l'appui de sanctions contre les gouvernements si ceux-ci portaient atteinte à la démocratie et aux droits fondamentaux. L'internationalisation de la protection des droits fondamentaux assumait ainsi la même fonction que leur reconnaissance au niveau constitutionnel : dans un cas comme dans l'autre, des principes essentiels étaient érigés en règle supérieure, de façon à les protéger contre les errements de majorités occasionnelles. La suite des événements devait d'ailleurs montrer la pérennité de cette logique de type constitutionnel. N'a-t-on pas vu le gouvernement français, une fois la peine de mort abolie, s'efforcer de compléter cette décision en encourageant l'adoption d'un protocole « confirmant » l'abolition dans le cadre de la Convention européenne des droits de l'homme ? Le sens de la manœuvre était clair. Comme devait l'affirmer plus tard Robert Badinter : «... Il restait à clouer le vampire dans son cercueil. Pour rendre impos-

---

1. Sur les origines de la convention, voir Emmanuel Decaux, « Les États parties et leurs engagements », dans L.-E. Petiti, E. Decaux et P.-H. Imbert (dir.), *La Convention européenne des droits de l'homme*, Paris, Economica, 1995, p. 3-25.

sible tout retour en arrière, il fallait que l'interdiction s'inscrive dans la Convention européenne [1]. »

Cette forme de « constitutionnalisation internationale » représente à bien des égards le prolongement du constitutionnalisme que nous connaissons au niveau national. Certes, la portée de ces règles supérieures varie : au niveau international, on s'efforce d'abord de réglementer les relations entre États, et pas seulement les rapports entre gouvernants et gouvernés. Par ailleurs, on sait que l'effectivité des normes internationales est loin d'atteindre celle des règles nationales. Ces différences ne doivent toutefois pas occulter la communauté de pensée que l'on trouve à la base de ces deux formes de constitutionnalisme. Dans un cas comme dans l'autre, l'objectif est le même : combattre l'absolutisme et l'arbitraire en soumettant les actes des gouvernants à l'empire du droit (*rule of law, Rechtstaat*).

Si l'ambition « constitutionnalisante » de la Convention européenne des droits de l'homme est manifeste, il n'en va pas nécessairement de même des traités communautaires. Il est vrai que ceux-ci mettent en place une architecture institutionnelle révolutionnaire, centrée sur l'idée de transferts de souveraineté à des organes supranationaux. Toutefois – fonctionnalisme oblige – dans leur mouture originale, les traités apparaissaient au premier abord comme un catalogue de dispositions à caractère essentiellement technique. Cela n'a pas empêché une école de pensée allemande – l'*ordolibéralisme* – d'y voir une reconnaissance de l'économie de marché, érigée au rang de principe méta-juridique appelé à structurer nombre d'interprétations du traité et de la jurisprudence communautaire – et donc indirectement le comportement des États membres. Bien que cette vision de la

1. Entretien au *Nouvel Observateur*, 1869, 31 août 2000, p. 62.

« Constitution économique » communautaire n'ait jamais fait l'unanimité [1], elle est symptomatique d'une volonté de lecture constitutionnelle de l'intégration européenne.

C'est toutefois la Cour de justice de Luxembourg qui a le plus œuvré dans le sens d'une « constitutionnalisation » des traités. Sans insister ici sur une évolution qui a fait l'objet de commentaires approfondis [2], rappelons toutefois quelques éléments clés de ce processus. Tout d'abord, dès l'arrêt *Van Gend et Loos* de 1962 [3], la Cour a donné une interprétation extrêmement large des interdictions de discrimination contenues dans le traité CEE, érigées en source de droit que les plaignants pouvaient invoquer devant les juridictions nationales, même lorsque le libellé de ces dispositions laissait clairement entendre qu'elles s'adressaient principalement aux États membres. Érigeant le traité en un catalogue de droits individuels, elle a du même coup ouvert aux particuliers les portes d'un arsenal argumentaire dont ils ont pu faire usage chaque fois que les autorités nationales leur paraissaient violer leurs droits. Ensuite, passant outre au silence des traités sur la question, la Cour allait très rapidement affirmer qu'en cas de conflit avec des dispositions nationales – fussent-elles de droit constitutionnel – la règle communautaire devait toujours prévaloir [4]. Enfin, répondant aux inquiétudes exprimées par certaines juridictions

1. Le débat fait l'objet d'une analyse critique dans L.-J. Constantinesco, « La Constitution économique européenne », *Revue trimestrielle de droit européen,* 1977, p. 244-281. Voir aussi D. Gerber, « Constitutionalizing the Economy : German Neo-Liberalism, Competition Law and the « New » Europe », *American Journal of Comparative Law*, 1994, p. 25.

2. Voir R. Dehousse, *La Cour de justice des Communautés européennes*, 2e éd., Paris, Montchrestien, 1997, chap. 2.

3. Affaire 26/62, Rec 1963, 3.

4. Affaire 6/64, *Costa c/ENEL*, Rec. 1964, 1141.

nationales, qui craignaient que la primauté du droit communautaire ne débouche sur une remise en cause les dispositions constitutionnelles relatives à la protection des droits fondamentaux, la Cour de justice a progressivement admis qu'elle devait contrôler la conformité des décisions communautaires, puis des décisions nationales qui s'y rapportent, avec « les droits fondamentaux reconnus et garantis par les Constitutions [nationales] » ainsi qu'aux « instruments internationaux concernant la protection des droits de l'homme auxquels les États membres ont coopéré ou adhéré » – langage quelque peu sibyllin, mais qui visait clairement la Convention européenne des droits de l'homme [1].

Décision après décision, les juges communautaires ont ainsi jeté les bases d'un édifice normatif qui s'imposait aux États membres. Pour ce faire, ils ont adopté des méthodes d'interprétation beaucoup plus proches de celles des cours constitutionnelles que de celles des juridictions internationales. Loin de s'en tenir à l'intention réelle ou supposée des parties contractantes – point de référence obligé dans l'interprétation des accords internationaux – ils se sont abondamment inspirés des objectifs ultimes de l'intégration, énoncés de façon générale dans le préambule du traité de Rome.

Si l'on a pu parler à ce propos de « constitutionnalisation » des traités [2], c'est parce qu'il apparaissait clairement qu'en proclamant la supériorité du droit communautaire aux normes nationales, ce processus tendait à un déplacement implicite de la norme fondamentale qui

1. Affaire 4/73, *Nold c/Commission*, Rec. 1974, 491

2. E. Stein, « Lawyers, Judges, and the Making of a Transnational Constitution », *American Journal of International Law,* 1981, 1-27 ; G.F. Mancini, « The Making of a Constitution for Europe », *Common Market Law Review*, 1989, p. 595-614 ; J.H.H. Weiler, « The Transformation of Europe », *Yale Law Journal*, 1991, p. 2405-2483.

conditionne la validité de l'ensemble des actes juridiques – la *Grundnorm* de Hans Kelsen –, jetant ainsi les bases du conflit de souveraineté qui allait agiter l'Europe au moment de la ratification du traité de Maastricht.

La judiciarisation des relations internationales

La soumission des États au droit avait pour corollaire la création de juridictions internationales, chargées de veiller à la mise en œuvre des principes supérieurs définis dans les textes de base. La nouveauté du procédé était d'autant plus remarquable que les États s'étaient longtemps montrés hostiles à toute forme de « judiciarisation » des relations internationales, dans la mesure où celle-ci pouvait porter atteinte à leur autonomie. Le vent de constitutionnalisme qui a soufflé dans l'Europe de l'après-guerre s'est toutefois traduit par la recherche de contre-pouvoirs susceptibles de s'opposer au totalitarisme. La faiblesse dont avaient preuve les régimes parlementaires européens devant la montée du nazisme et du fascisme interdisant aux parlements de se poser en garants des libertés fondamentales, il était naturel de se tourner vers des organes spécialisés. La logique qui a conduit à la mise en place des juridictions européennes était semblable à celle qui a présidé à la création de juridictions constitutionnelles au niveau national : dans un cas comme dans l'autre, le recours à une juridiction spécialisée apparaissait indispensable pour garantir l'effectivité des règles fondamentales qui venaient de faire l'objet d'une reconnaissance solennelle.

La volonté de rupture avec le passé qui inspirait ces innovations apparaît clairement dans les interventions de Pierre-Henri Teitgen, rapporteur du projet de convention à l'Assemblée consultative du Conseil de l'Europe :

« On nous fait remarquer aussi qu'il faut tenir compte de la souveraineté de l'État et ne pas donner compétence à une juridiction européenne pour contrôler les législations internes, les actes exécutifs ou judiciaires des gouvernements de l'Europe. On prétend que c'est attentatoire à la souveraineté nationale. Me sera-t-il permis de dire, mes chers collègues, que la souveraineté se lit de deux côtés. L'envers de la médaille, c'est très beau et très grand peut-être. L'endroit, cela signifie aussi quelquefois, et aujourd'hui surtout, la solitude et la misère. La solitude et la misère, c'est aussi la guerre. Enfin, il ne s'agit pas, lorsque nous voulons garantir et protéger les libertés en Europe, de diminuer la souveraineté d'un État par rapport à un autre État, de donner prééminence à un État sur un autre État. Il s'agit de limiter la souveraineté des États du côté du droit, et de ce côté-là, toutes les limites sont permises [1]. »

Il serait toutefois exagéré de dépeindre cette évolution vers des formes de contrôle juridictionnel international comme une marche triomphale de l'ombre vers la lumière. Bien au contraire, ce qui frappe lorsqu'on parcourt les débats qui ont accompagné la naissance de la Convention européenne, ce sont les objections élevées par de nombreux esprits pétris de l'esprit classique du droit international à l'encontre de ce qui leur apparaissait à juste titre comme une menace pour la toute-puissance des États. Du reste, le système juridictionnel mis en place par la Convention multiplie les garde-fous, à la recherche d'une synthèse entre action judiciaire et action diplomatique. En préalable à toute saisine de la Cour, la Commission européenne des droits de l'homme a été investie d'une mission d'enquête et de conciliation [2]. Lorsque, à la suite de la remise d'un rapport de la Commission, la Cour n'était pas saisie, le Comité des ministres, organe politique par excellence, s'est vu confier une mission juridic-

1. Cité par E. Decaux, « Les États parties et leurs engagements », dans *La Convention européenne des droits de l'homme, op. cit.*
2. Article 28.

tionnelle – décider « s'il y a eu ou non une violation de la convention [1] ». Et surtout, faute d'une majorité en faveur d'une Cour obligatoire, il a fallu se résoudre à ce que l'intervention de la Cour soit soumise à l'acceptation individuelle de chaque signataire de la convention [2].

En regard de la douloureuse naissance de la Cour européenne des droits de l'homme, la décision de mettre en place une Cour de justice ne semble pas avoir causé tant d'alarmes lors de la création de la Communauté du charbon et de l'acier (CECA). Il est vrai que ce nouvel organe judiciaire visait moins les États que la Haute autorité de la CECA. Celle-ci s'étant vu attribuer d'importants pouvoirs de gestion, il était naturel de prévoir la possibilité d'un contrôle juridictionnel de ses décisions. De même, l'octroi au Conseil des ministres du pouvoir de décider à la majorité qualifiée rendait nécessaire l'instauration de recours pour les États dont les droits auraient pu être négligés. Le traité CECA comporte ainsi un arsenal de voies de recours inspiré par le contentieux administratif français [3]. Dans le même élan, les États membres des Communautés européennes ont accepté l'autorité de la Cour, dont la compétence est obligatoire. Les traités confèrent aussi à un organe autonome, la Commission européenne, un rôle essentiel dans la répression des infractions au droit communautaire : gardienne des traités, la Commission peut aller jusqu'à saisir la Cour lorsqu'elle estime qu'un État a manqué à ses obligations [4].

Ce modèle centralisé de contrôle judiciaire tranche avec le principe du libre choix par les États des méca-

1. Article 32.
2. Article 25.
3. M. Lagrange, « La Cour de justice des Communautés européennes : du plan Schuman à l'Union européenne », *Mélanges Fernand Dehousse*, Paris-Bruxelles, Nathan-Labor, 1979, 127-135.
4. Article 226 (anciennement 169) du traité CEE.

nismes de règlement des différends, qui reste la règle en droit international. La Cour de justice en a conclu que le système de voies de recours prévues par le traité interdisait aux États membres de faire usage de l'arsenal des contre-mesures unilatérales prévues par le droit international [1]. Le recours obligatoire à l'arbitrage de la Cour en cas de différend entre les États membres constitue un aspect fondamental de la logique de régulation des rapports inter-étatiques qui caractérise le système communautaire. L'admission au sein de la société européenne ne comporte pas seulement pour les États l'acceptation d'un *corpus* de règles matérielles, mais aussi la renonciation à l'un des droits les plus primitifs – qui en dit long sur l'« état de nature » qui subsiste encore au sein de la société internationale –, le droit pour un État de se faire justice soi-même. Quel serait l'aspect de l'Europe si l'on avait admis la possibilité pour chaque gouvernement d'invoquer la règle de la réciprocité pour sanctionner d'éventuels manquements de ses partenaires ? Il y a gros à parier que, de représailles en mesures de rétorsion, on aurait assisté à un effilochage progressif des principes contenus dans les traités. Et comment envisager dans ces conditions un programme législatif un tant soit peu ambitieux ?

En dépit des réserves initiales dont il avait fait l'objet, l'importance du contrôle juridictionnel a graduellement été reconnue dans le système de la Convention européenne des droits de l'homme. Dès leurs premières décisions, les organes de contrôle établis par la Convention souligneront que cette dernière vise plus à assurer une protection des droits fondamentaux des particuliers qu'à conférer aux États signataires des droits subjectifs utiles à

1. Affaires jointes 90 et 91/63, *Commission c/Luxembourg et Belgique*, Rec. 1964, 1217.

la poursuite de leurs intérêts nationaux. Cette reconnaissance d'un véritable « ordre public communautaire des libres démocraties d'Europe [1] », va bien au-delà du principe classique de la protection diplomatique, qui permet à un État de réclamer la protection des droits de ses ressortissants sur la scène internationale ; elle ouvre à tout État signataire de la convention ce que l'on pourrait appeler un droit d'ingérence judiciaire en cas de violation des droits de l'homme, droit qui permettra notamment le dépôt de requêtes contre la Grèce des colonels ou contre le régime militaire turc par des États qui n'avaient pas d'intérêt propre à agir.

Déclaration facultative après déclaration facultative, les premiers signataires de la Convention ont fini par accepter la juridiction de la Cour, accréditant du même coup l'idée d'un lien indissociable entre l'adhésion au Conseil de l'Europe et la pleine acceptation de la Convention, idée qui devait s'avérer fort utile au lendemain de la chute des régimes communistes, lorsque les pays d'Europe centrale et orientale, bientôt suivis par la Russie, sont venus frapper à la porte du Conseil. En rendant obligatoire la compétence de la Cour, tout en mettant fin au rôle du Comité des ministres, le protocole n° 11, ouvert à la signature en 1994, couronne cette évolution. Il consacre ainsi l'enseignement de plusieurs décennies d'application de la Convention : « Les droits de l'homme sont mieux et plus sûrement protégés par des organes judiciaires impartiaux et indépendants que par des organes politiques au sein desquels la "raison d'État" risque de prévaloir [2]. »

1. Décision de la Commission dans l'affaire *Autriche c/Italie*, requête n° 788/60, *Annuaire de la Convention européenne des droits de l'homme*, vol. 4, p. 139 et suiv.

2. P. Leuprecht, commentaire de l'article 32 dans Petiti, Decaux et Imbert, *op. cit.*, p. 709.

Un droit de recours individuel

Ubi jus, ibi remedium : proclamer un ensemble de règles « constitutionnelles » ne pouvait suffire ; fallait-il encore en assurer l'application effective. La mise en place de juridictions internationales représentait une étape importante sur cette voie, mais elle était loin de garantir le respect du droit. Dans de nombreux cas, en effet, un gouvernement préférera fermer les yeux, au nom des intérêts supérieurs de la nation, plutôt que de s'immiscer dans ce que l'on appelle pudiquement les « affaires intérieures » de ses partenaires. La logique constitutionnelle qui soustendait l'intégration européenne appelait un pas supplémentaire : donner aux titulaires des droits nouvellement créés la possibilité d'agir en justice pour les protéger.

Le saut qualitatif était d'importance : il permettait l'irruption sur la scène internationale, traditionnellement réservée aux États, d'individus qui échappaient à leur contrôle. On ne s'étonnera donc pas qu'il ait rencontré une opposition déterminée. Au moment des débats sur la Convention européenne des droits de l'homme, nombreux étaient ceux qui, à l'instar de l'internationaliste belge Henri Rolin, considéraient que « la mise en accusation [d'un État] devant une Cour de justice appelée à prononcer une condamnation présente un caractère de gravité tel qu'il incombe que la responsabilité en soit laissée aux gouvernements des divers États membres du Conseil de l'Europe, qu'ils agissent individuellement ou collectivement [1] ».

Ces réserves devaient conduire à une reconnaissance limitée des possibilités de saisine individuelle des organes de contrôle de la Convention : la possibilité

1. Cité par E. Decaux, *op. cit.*, p. 10.

d'autoriser les requêtes individuelles fut laissée à l'appréciation souveraine de chaque État [1] et le filtre de la Commission mis en place pour éviter une saisine directe de la Cour par les particuliers.

On devait retrouver les mêmes préventions une dizaine d'années plus tard, au moment de la négociation des traités de Rome, marquées par une volonté assez nette de restreindre les possibilités de recours directes ouvertes aux particuliers. Revenant sur l'interprétation plus libérale qui avait triomphé dans le cadre de la CECA, les hauts fonctionnaires qui rédigeront les traités réserveront aux seules personnes « directement et individuellement [2] » concernées par les décisions des institutions communautaires la faculté d'en demander l'annulation. Ils se garderont aussi d'ouvrir la porte à des possibilités de recours individuels contre les États qui se rendraient coupables de violation du droit communautaire.

Le temps devait toutefois avoir raison de nombre de ces préventions. À Strasbourg, les requêtes individuelles ont de tout temps constitué le moteur principal de l'activité des organes de contrôle. Les requêtes étatiques, qui n'ont jamais été bien nombreuses, ont aujourd'hui pratiquement disparu. La pratique est telle que le recours individuel a cessé d'être perçu comme une anomalie ; il apparaît aujourd'hui comme un complément indissociable de l'adhésion au Conseil de l'Europe. Les gouvernements des États membres en ont pris acte, en consacrant le droit pour les personnes physiques ou les organisations non gouvernementales de déférer des affaires directement à la Cour [3].

À Luxembourg, c'est la Cour de justice elle-même qui a ouvert les portes du prétoire aux individus. Alors que le

1. Article 25.
2. Article 230 (ex-article 173).
3. Protocole n° 9.

traité de Rome réservait à la Commission le soin de déclencher les procédures en manquement destinées à sanctionner les violations du droit communautaire, la Cour a accepté de se prononcer sur le comportement des États dans le cadre du système de renvoi préjudiciel instauré par l'article 234 [1] du traité. Ayant reconnu que le droit communautaire engendrait dans le chef des particuliers « des droits qui entrent dans leur patrimoine juridique », elle a accepté de connaître des questions – souvent dépourvues d'ambiguïté – que lui posaient les juridictions nationales quant à la compatibilité de dispositions nationales avec le droit communautaire [2]. Cette décision, qui avait pour effet d'encourager les personnes privées à saisir les juridictions nationales lorsqu'elles estiment qu'une décision nationale ignore les droits qu'elles tirent du droit communautaire, devait avoir un impact capital sur l'évolution du contentieux communautaire. De nos jours, c'est essentiellement par le canal du renvoi préjudiciel – et donc indirectement à l'initiative de personnes privées – que le comportement des États membres est soumis au jugement de la Cour. Le succès de cette forme de contrôle « constitutionnel » sur les actes des États membres ne s'est jamais démenti. C'est ce qui explique le volume des renvois préjudiciels, qui représentent de nos jours, bon an, mal an, la moitié des arrêts rendus par la Cour de justice. Et c'est à la suite de recours individuels que certains des principaux arrêts de la jurisprudence communautaire ont été rendus : l'alliance entre la Cour de justice et les personnes privées a ainsi infléchi le cours de l'intégration européenne à plus d'une reprise [3].

---

1. Anciennement 177.
2. Affaire 26/62, Rec. 1963, 3, arrêt *Van Gend et Loos*.
3. Voir, sur ces points, R. Dehousse, *La Cour de justice des Communautés européennes*, 2e éd., Paris, Montchrestien, coll. « Clefs », 1997, chap. 3.

Cette véritable révolution, qui érige l'individu en acteur du processus d'intégration, n'est toutefois pas sans limite. Les recours à Strasbourg et à Luxembourg restent de véritables parcours du combattant, à la fois longs et onéreux, fermés aux exclus s'ils sont dépourvus de conseils spécialisés, voire de moyens. Au niveau communautaire, les voies de recours individuel contre les décisions des institutions restent limitées, même si elles ont occasionnellement été élargies par la Cour de justice au nom de l'État de droit [1]. Du reste, à supposer même que l'on apporte une réponse à ces critiques, elles ne doivent pas faire oublier les limites intrinsèques de la justice constitutionnelle. Celle-ci a été conçue pour protéger les droits individuels et le débat démocratique ; elle n'a pas pour but de supplanter ce dernier.

Conclusion : de la révolution constitutionnelle à la révolution démocratique

Le constitutionnalisme transnational auquel l'Europe a donné naissance après la seconde guerre mondiale s'inscrit dans la mouvance libérale qui a inspiré le développement de garanties constitutionnelles à l'échelon national au XIXe siècle. En accréditant l'idée de limites à la souveraineté étatique et d'un contrôle juridictionnel sur les actes des gouvernements, il a jeté les bases d'une société nouvelle, dans laquelle ce qui se passe à l'intérieur des frontières nationales ne constitue plus le domaine réservé des États, et où des voies de recours sont prévues pour permettre à l'individu de se protéger contre l'arbitraire.

1. Affaire 294/83, *Parti écologiste « Les Verts » c/Parlement européen,* Rec. 1986, 1339.

L'Europe a ainsi dépassé le stade primitif où les rapports entre États sont avant tout des rapports de force pour entrer progressivement dans un monde de règles. Ce progrès incontestable ne s'est toutefois accompagné que d'une forme de socialisation transnationale relativement limitée. Les Européens se définissent d'abord et avant tout par rapport à leur pays ; dans le meilleur des cas, l'identité européenne n'entre en ligne de compte qu'en rang secondaire. Entravé notamment par l'absence d'une langue et d'une culture politique communes, le débat politique européen reste limité, et les mouvements transnationaux, relativement faibles. En dépit des références incantatoires à la citoyenneté européenne contenue dans le traité de Maastricht, il reste difficile au commun des mortels de faire entendre sa voix : les décisions qui intéressent le sort de la collectivité sont prises par une élite relativement restreinte.

En forçant un peu le trait, on pourrait dire qu'à l'instar des sociétés bourgeoises du siècle passé, qui avaient combattu l'arbitraire en ignorant aussi bien les femmes que les pauvres, la société européenne doit maintenant parfaire sa révolution constitutionnelle par une révolution démocratique. Cela demande un saut qualitatif : une Europe fondée non plus sur la défense de droits subjectifs, mais sur la possibilité pour les citoyens de peser sur les décisions qui sont prises au niveau européen. Dans cette optique, l'apport d'une Charte des droits fondamentaux, par exemple, ne peut être que faible. À quoi bon proclamer en grande pompe de nouveaux droits qui, dans le meilleur des cas, ne seront effectivement invoqués que par une infime minorité de personnes ?

Après avoir inventé le constitutionnalisme sans Constitution, l'Europe doit maintenant jeter les bases d'une nouvelle construction : un système politique qui fasse une plus grande place aux citoyens sans pour autant que les

États, auxquels ces mêmes citoyens s'identifient toujours en priorité, voient leur rôle réduit à la portion congrue. Tâche difficile assurément, mais n'est-elle pas à la mesure des ambitions universalistes des promoteurs de l'intégration européenne ?

Faut-il pour cela une Constitution en bonne et due forme ? Cela reste à démontrer. Comme le souligne opportunément Dieter Grimm dans cet ouvrage [1], la démocratisation de l'architecture institutionnelle européenne ne nécessite en rien le passage à un régime de type constitutionnel. Les traités actuels ont été modifiés à de nombreuses reprises pour renforcer les droits du Parlement européen ; ils pourraient l'être à nouveau si d'aventure l'on souhaitait établir un lien direct entre les élections européennes et le choix d'un gouvernement européen. Il en va de même pour ce qui est du souci – en soi fort louable – de simplifier les règles de base qui régissent le fonctionnement de l'Union : cela peut se faire dans un nouveau traité aussi bien que dans une Constitution [2].

Par ailleurs, la légitimation qui découlerait de l'adoption d'un texte constitutionnel est souvent surestimée. Rares sont les pays, à l'exception peut-être des États-Unis, où l'adhésion à une forme déterminée d'organisation institutionnelle semble suffisamment forte pour devenir *en soi* porteuse de légitimité. Certes – les débats récents le montrent bien –, on tend généralement à projeter au niveau européen une vision de l'organisation

---

1. Chap. 2, p. 39-67.

2. En revanche, les travaux de l'Institut universitaire européen montrent qu'il est pratiquement impossible de parvenir à ce résultat « à droit constant », c'est-à-dire sans changer les traités actuels. Voir *Un traité fondamental pour l'Union européenne. Étude sur la réorganisation des traités*, Premier rapport de l'Institut universitaire européen de Florence, mai 2000.

idéale empruntée aux traditions nationales : les projets français prévoient rituellement un président élu au suffrage universel, tandis que les projets allemands insistent plutôt sur des aspects qui leur sont plus familiers, comme l'existence d'une seconde chambre législative ou la nécessité d'une délimitation plus précise des compétences respectives de l'Union et de ses États membres. Cependant, il serait naïf d'espérer que ce genre de mimétisme soit suffisant pour assurer la popularité d'une organisation institutionnelle, quelle qu'elle puisse être. Pense-t-on vraiment que l'euroscepticisme britannique disparaîtrait comme par enchantement si l'Europe devait adopter le parlementarisme façon Westminster ? Plus que de visions abstraites du bien commun, la légitimité des institutions semble tributaire de la possibilité qu'elles confèrent aux gouvernants de procurer à la population un certain nombre de bénéfices : sécurité, prospérité, bien-être, etc. En d'autres termes, les institutions politiques ne sont qu'un moyen, et non une fin en soi. On peut d'ailleurs s'en féliciter, puisque l'Europe réunit des pays aux structures et aux traditions politiques fort variées, ce qui rend assez illusoire la quête d'un dénominateur commun.

Reste enfin une objection de nature plus fondamentale : si la construction européenne représente bien une innovation politique, comme cela a été dit plus haut, pourquoi chercher à toute force à la couler dans le moule traditionnel des Constitutions ? Le but ultime du processus n'est pas de conduire progressivement à la mise en place d'un super-État centralisé, mais au contraire de réguler la coexistence pacifique et harmonieuse de vieilles nations souvent jalouses de leurs traditions [1]. En

1. Voir aussi sur ce point les remarques de Joseph Weiler au chapitre 6.

revêtant l'Europe des oripeaux de l'État, n'occulte-t-on pas tout ce qui fait l'originalité et l'intérêt de la nouvelle construction ?

Renaud DEHOUSSE

Chapitre 2

Les pièges de la souveraineté

Dans le débat sur le sens et l'avenir de l'Union européenne, un des arguments les plus fréquemment utilisés par ceux qui, à droite comme à gauche, s'opposent à une quelconque progression ultérieure de l'intégration, grâce notamment à l'élaboration d'une véritable charte constitutionnelle, est celui de la souveraineté des États membres. Ces eurosceptiques croient sans doute avoir trouvé, avec l'idée de souveraineté, la formule passe-partout pour faire prévaloir leurs desseins. Il est curieux d'observer que cette attitude ne se produit pas uniquement sur le terrain du débat politique – où, par définition, les concepts peuvent être maniés sans trop de précision –, mais également au cours des discussions juridiques qui doivent normalement être motivées et présenter une formulation cohérente de cet argument.

Une lecture très raffinée du concept de souveraineté, érigé en limite infranchissable par l'intégration européenne, figure dans l'arrêt de la Cour constitutionnelle allemande du 12 octobre 1993, rendu à l'occasion de l'examen de la constitutionnalité de la loi autorisant la ratification du traité de Maastricht [1]. Même s'il déclare conforme à la Constitution l'adhésion allemande au traité de Maastricht, cet arrêt est riche en réticences de tous genres. La Cour explique que toute réforme future de l'Union européenne qui comporterait un accroissement de l'intégration entre les États membres se heurterait en Allemagne à des obstacles constitutionnels. Ces limites seraient essentiellement de deux ordres : premièrement, le manque de légitimité démocratique de l'Union européenne, que ne pourrait même pas résoudre un renforcement des attributions du Parlement européen puisque le fonctionnement de la démocratie suppose un peuple doté d'une homogénéité culturelle minimale ; deuxièmement, la souveraineté étatique, qui constituerait un *primus* par rapport à l'Union européenne. La notion particulière de peuple adoptée dans cet arrêt a suscité l'attention des commentateurs et a fait l'objet de critiques sévères [2]. En revanche, on a peu parlé de l'autre limite potentielle à l'intégration européenne, qui peut être formulée comme suit : les traités constitutifs de l'Union européenne n'auraient pas comme finalité la création d'une fédération

1. Nous avons utilisé la traduction anglaise de cet arrêt qui figure dans le volume de A. Oppenheimer, *The Relationship between European Community Law and National Law : The Cases*, Cambridge, Cambridge University Press, 1994.

2. Une des critiques les plus convaincantes de cet arrêt est celle de J.H.H. Weiler, « Does Europe Need a Constitution ? (Demos, Telos and the German Maastricht Decision) », *European Law Journal*, 1, 1995, p. 282 et suiv. Par ailleurs, il mérite d'être souligné que, lors de l'examen de la compatibilité du traité de Maastricht avec la Constitution française, le Conseil constitutionnel français a également eu recours au concept de souveraineté nationale dans sa décision du 9 avril 1992 ; mais il l'a plutôt utilisé pour exclure l'éventualité selon laquelle ceux qui ne possèdent pas la nationalité française – et, par conséquent, ceux qui ne participent pas de la « souveraineté nationale » – puissent prendre part, directement ou indirectement, à l'élection des pouvoirs législatif et exécutif de l'État. Cette décision figure également dans A. Oppenheimer, *op. cit.*, p. 385 et suiv.

ou d'un « État européen » mais d'une structure associative plus légère ayant des objectifs limités, qui est qualifiée d'« union d'États ». Cela ne signifierait pas seulement que l'Allemagne « conserve son statut d'État souverain », mais également que le lien créant l'Union européenne est strictement de droit international. De là, il s'ensuivrait que les États membres doivent être considérés comme les « maîtres des traités », habilités, le cas échéant, à les révoquer « en adoptant un acte d'effet contraire [1] ». Cette dernière allégation est de nature à déclencher une polémique ouverte avec la Cour de justice des Communautés européennes qui a affirmé que le respect des « fondements mêmes de la Communauté » constitue une limite au pouvoir de révision des traités constitutifs [2].

La vision de la souveraineté comme limite à l'intégration européenne développée par la Cour constitutionnelle allemande représente la version sophistiquée d'une manière de penser très répandue en Europe [3]. Que convient-il de remarquer à cet égard ? Premièrement, en matière d'intégration européenne, il existe un conflit inévitable entre deux points de vue différents : l'un constitutionnel et l'autre communautaire. Tandis que le premier conduit à la suprématie des normes constitutionnelles nationales, d'où sont issus, en définitive, les pouvoirs de conclure les traités constitutifs de l'Union européenne, le second mène au constat que la vocation supranationale du droit communautaire se verrait frustrée si celui-ci ne pré-

1. Voir A. Oppenheimer, *op. cit.*, p. 555-557.

2. Avis sur l'Espace économique européen du 14 décembre 1991, Rec. 1991, p. I-6079 § 71 et 72.

3. Il est très significatif, à cet égard, que même un éminent communautariste ait fait un usage violent et remarqué de cet argument. Voir, par exemple, l'ouvrage récent de T.C. Hartley, *Constitutional Problems of the European Union*, Oxford, Hart, 1999, en particulier, p. 149 et suiv.

valait pas sur le droit des États membres [1]. Dans ces conditions, il serait normal que ceux qui se trouvent dans l'obligation institutionnelle d'adopter l'un ou l'autre de ces points de vue – par exemple, respectivement, la Cour constitutionnelle allemande et la Cour de justice des Communautés européennes – en arrivent à l'une ou l'autre de ces conclusions. La création d'une entité supranationale, en d'autres termes, impliquerait l'acceptation de la coexistence nécessaire de deux logiques qui s'excluent mutuellement [2].

Or, cette solution est loin d'être satisfaisante. Non seulement parce qu'elle démontre un relativisme axiologique excessif, inapproprié pour aborder des questions juridico-politiques d'une telle envergure, mais surtout parce qu'elle tient pour acquise la prémisse même du conflit entre ces deux points de vue : un concept de souveraineté qui permet de soutenir que les États membres sont les seigneurs des traités. Voilà le véritable nœud du problème [3].

---

1. Il est certain que, à l'origine, les traités constitutifs ne faisaient pas expressément référence au principe de primauté. C'est une création jurisprudentielle formulée pour la première fois par la Cour de justice des Communautés européennes dans l'arrêt fondamental *Costa c/Enel* du 15 juillet 1964 (affaire 6/62), Rec. 1964, p. 1141. Aujourd'hui, on peut considérer qu'il est incontestablement reconnu par le traité sur l'Union européenne dont l'article 2 dispose que l'un des objectifs de l'Union européenne consiste à « maintenir intégralement l'acquis communautaire ».

2. Cela semble être la position, par exemple, de N. McCormick, « The Maastricht-Urteil : Sovereignty Now », *European Law Journal*, 1, 1995, p. 259 et suiv.

3. Une des rares analyses existantes sur le problème de la souveraineté dans le contexte de l'Union européenne se trouve dans le texte de B. de Witte, « Sovereignty and European Integration (The Weight of Legal Tradition) », dans A. Slaughter, A. Stone Sweet et J.H.H. Weiler, *The European Court and National Courts (Doctrine and Jurisprudence),* Oxford, Hart, 1998, p. 277 et suiv., qui propose une vision partiellement distincte de celle qui est présentée ici.

Souveraineté et sécession

La principale conséquence pratique que l'on a coutume de déduire de l'affirmation selon laquelle les États membres sont les maîtres des traités constitutifs est que, en tant qu'entité souveraine, il appartient à chaque État de définir les compétences qu'il transfère à l'Union et également, par conséquent, de déterminer en dernier ressort si les institutions communautaires ont excédé leurs compétences d'attribution. Ainsi, par exemple, l'arrêt précité de la Cour constitutionnelle allemande du 12 octobre 1993 affirme la possibilité de soumettre au contrôle de constitutionnalité national et, le cas échéant, de déclarer inapplicables en Allemagne toutes les normes de l'Union européenne qui, selon elle, ne respecteraient pas l'ordre d'attribution des compétences établi par les traités constitutifs [1]. En termes plus généraux, selon cette manière de penser, chaque État membre serait juge en dernier ressort de la validité des actes adoptés par les institutions communautaires. Il va sans dire que la détermination des procédures (juridictionnelles, parlementaires, etc.) applicables lors de l'exercice de ce contrôle étatique sur la validité du droit communautaire serait une question interne qui dépendrait, dans chaque pays, de ses propres dispositions constitutionnelles [2].

---

1. Voir A. Oppenheimer, *op. cit.*, p. 561, 573 et 575.
2. Voir T.C. Hartley, *op. cit.*, p. 163 et suiv. Pour le reste, même s'il n'est pas possible d'analyser ici cet aspect du problème, il ne faut pas oublier que, quand il s'agit de fixer la répartition des compétences entre l'Union européenne et les États membres, les traités constitutifs sont loin d'être un modèle de clarté ; ce qui signifie que déterminer si une norme communautaire a excédé ou non son domaine de compétence n'est pas, dans la plupart des cas, une opération d'interprétation simple. Voir la monographie documentée de A. Goucha Soares, *Repartição de competências e preempção no direito comunitário*, Lisbonne, Cosmos, 1996, en particulier, p. 125 et suiv.

Cette idée que chaque État membre est juge en dernier ressort de la validité des actes communautaires présente une similitude surprenante avec la doctrine de l'interposition, également connue comme doctrine de la *nullification*, qui a joué un rôle de premier ordre dans le débat juridico-politique sur la nature des États-Unis entre l'adoption de la Constitution en 1787 et l'éclatement de la guerre civile en 1860. Cette doctrine, tendant à préserver les droits souverains des États au sein de l'Union, fut initialement formulée par les *Kentucky and Virginia Resolutions* de 1798, deux motions adoptées par les législatures de ces deux États, qui dénonçaient le fait que les organes fédéraux outrepassaient leurs compétences. En son temps, cet événement ne fut qu'un épisode de la dure opposition entre les républicains et les fédéralistes alors au pouvoir ; mais les *Resolutions* de 1798 furent directement inspirées par les dirigeants républicains, Thomas Jefferson et James Madison – il semble même que ce dernier en ait été le rédacteur matériel –, et leur statut de « pères fondateurs de la patrie » contribuera à doter la doctrine de l'interposition d'une autorité durable, même après la disparition du parti fédéraliste [1].

La version la plus élaborée de cette doctrine, tout comme sa divulgation en tant qu'argument politique dans les États du Sud, fut l'œuvre de John C. Calhoun [2]. Dans

1. Les textes des *Kentucky and Virginia Resolutions* sont repris dans R. Hofstadter, *Great Issues in American History*, II, New York, Vintage Books, 1958, p. 176 et suiv. Sur le contexte de l'accentuation du conflit entre les fédéralistes et les républicains dans lequel elles intervinrent, voir J.C. Miller, *The Federalist Era (1789-1801)*, New York, Harper, 1963, p. 210 et suiv.

2. John C. Calhoun (1782-1850) a joué un rôle important dans la politique américaine de son époque, devenant vice-président en 1824 et en 1828, avec respectivement John Quincy Adams et Andrew Jackson. Sa rupture avec ce dernier le conduisit à adopter une attitude de plus en plus réactionnaire pour la défense des intérêts des États

ce qui est resté sous le nom de *Fort Hill Address*, discours prononcé le 26 juillet 1831 contre la nouvelle politique tarifaire extrêmement protectionniste, il a résumé avec une grande clarté la doctrine de l'interposition. Son point de départ est que chacun des États maintient sa « capacité souveraine et séparée ». Il s'ensuit :

« Que la Constitution des États-Unis est, de fait, un pacte, auquel chaque État participe à la condition mentionnée ci-dessus ; et que les différents États, ou parties, ont un droit de juger des violations de ce pacte [...]. Ils ont le droit, en dernier recours, pour reprendre les termes de la *Virginia Resolution*, "de s'interposer pour freiner l'extension du préjudice et pour maintenir, à l'intérieur de leurs limites respectives, les pouvoirs, droits et libertés qui leur appartiennent". »

En d'autres termes, l'interposition signifie que, dans une structure créée par un pacte, chacune des parties a le droit d'invoquer sa propre autorité afin de vérifier si les termes du pacte sont respectés ou non. La *nullification*, pour sa part, ne constituerait que la garantie de ce droit :

« Donner à chaque co-participant le droit de juger de ses propres pouvoirs avec une possibilité de refus ou de veto sur les actes des autres, afin de protéger les intérêts spécifiques qu'il représente face à des invasions. »

Cette garantie opérerait également, bien entendu, face au gouvernement central :

« Si le gouvernement central et un État entraient en conflit, nous aurions un recours supérieur : il conviendrait d'invoquer le pouvoir qui a créé le gouvernement central, qui lui a conféré

---

du Sud, attitude que reflètent ses écrits politiques, parmi lesquels notamment sa *Disquisition on Government*, publication posthume de 1851. Voir G. Rabassa, « Calhoun », dans *Encyclopedia Americana*, vol. 5, New York, Americana Corporation, 1975, p. 193-195. Voir aussi les remarques de Vlad Constantinesco, chap. 5, p. 136.

toute son autorité et qui peut élargir, restreindre ou abolir à volonté ses compétences. »

Cependant, étant donné qu'une majorité qualifiée d'États peut réviser la Constitution, cette solution ne serait pas suffisante pour sauvegarder la souveraineté de chaque État particulier. Il faudrait aller plus loin :

« Un État, agissant souverainement comme une des parties au pacte constitutionnel, peut forcer le gouvernement, créé par ce pacte, à soumettre une question relative à la violation de celui-ci aux parties qui l'ont conclu. »

La seule solution alternative serait inacceptable :

« Le projet novateur, aventureux et – je dois ajouter – fatal de donner au gouvernement central le droit exclusif et définitif d'interpréter la Constitution ; en lui permettant ainsi d'ébranler le système tout entier, en convertissant ce document en créature dépendante de sa volonté, alors que ce devrait être la règle d'action qui lui est imposée depuis sa création, et en réduisant à néant, de fait, l'autorité l'ayant approuvé et à laquelle le gouvernement lui-même doit son existence [1]. »

Entre la doctrine de l'interposition et l'idée que les États membres sont les maîtres des traités constitutifs, il y a finalement une similitude incontestable. La différence principale réside dans le fait qu'avec la doctrine de l'interposition, le droit étatique de veto semble être attribué aux institutions politiques de l'État (pouvoirs législatif et exécutif), tandis que, dans la version euro-

1. Le texte de la *Fort Hill Address* est repris dans R. Hofstadter, *op. cit.*, p. 278. Pour le reste, il est significatif que, déjà très âgé et s'étant retiré de la vie publique, James Madison se soit senti obligé de dissocier publiquement son nom de ce courant extrémiste de l'antifédéralisme et qu'il ait publié ses *Notes on Nullification* (1835). Voir B. Schwartz, *Main Currents in American Legal Thought*, Durham (N.C.), Carolina Academic Press, 1993, p. 92.

péenne, ce droit serait confié aux organes juridictionnels et, en particulier, aux juridictions constitutionnelles nationales. Cependant, une analyse comparée de ces deux doctrines ne doit pas s'arrêter là ; elle doit également prendre en considération trois autres dimensions.

Premièrement, il est historiquement clair que, au moins jusqu'à ce que la crise finale débouche sur la guerre de Sécession, la doctrine de l'interposition n'a pas été utilisée pour justifier des prétentions sécessionnistes. Elle servit plutôt d'instrument de pression politique pour imposer une vision déterminée de l'Union ainsi que de la position des États en son sein. En ce qui concerne l'Union européenne [1], il ne semble pas aventureux de soutenir que l'idée des États membres comme maîtres des traités constitutifs, même si elle a une origine juridictionnelle, répond à un objectif analogue.

Deuxièmement, il serait simplificateur d'affirmer qu'alors que le lien fondateur de l'Union européenne relève indiscutablement du droit international, dans le cas américain, il existe une Constitution qui a donné naissance à une véritable fédération. Telle est précisément la question. Les chantres de la doctrine de l'interposition, héritiers de la tradition anti-fédéraliste, soutenaient que la Constitution de 1787 était un simple pacte entre les États et que, par conséquent, ces derniers n'avaient pas perdu la plénitude de leur souveraineté originelle [2]. En d'autres

1. Sur l'attitude prédominante de réticence à déclarer la sécession, voir G.B. Tindall et D.E. Shi, *America. A Narrative History*, 3e éd., New York-Londres, Norton and Co., 1992, p. 592 et suiv.

2. L'idée que, lors de l'élaboration de la Constitution fédérale, la convention de Philadelphie avait excédé son mandat fut l'un des principaux arguments utilisés contre la ratification de cette dernière. Au cours de la dure campagne de la ratification, apparut un courant de pensée politique appelé à exercer une influence notable par la suite, qui est analysé dans le volume de H.J. Storing, *What the Anti-Federalists were for*, Chicago-Londres, The University of Chicago Press, 1981.

termes, il ne faut pas interpréter le débat juridico-politique nord-américain de la première moitié du XIXe siècle en utilisant des catégories propres à la fin du XXe siècle. L'acceptation incontestée de ce que le lien fondateur des États-Unis est de nature fédérale – qui suppose que la distinction soit nettement établie entre un accord entre États et un acte constitutionnel – n'a été possible qu'après la défaite militaire de ses opposants lors de la guerre civile.

Troisièmement, bien que ceux qui raisonnent en termes de souveraineté étatique et de pacte entre États n'ont pas pour objectif de justifier des prétentions sécessionnistes – mieux encore : ils évitent en général pudiquement toute référence à cette notion –, il est clair que l'existence d'un droit de sécession est le fondement ultime de toute leur argumentation. S'il n'existait pas la possibilité, implicite mais toujours présente, d'agiter une menace de sécession, toutes les autres garanties expressément formulées par la doctrine de l'interposition et par l'idée que les États membres restent maîtres des traités constitutifs (interprétation restrictive des compétences transférées, contrôle de constitutionnalité étatique des actes de l'Union, etc.) seraient dépourvues d'efficacité. Ainsi, lorsque les États du Sud estimèrent qu'ils avaient épuisé toutes les autres solutions, ils ne recoururent pas seulement à la sécession mais tentèrent également de la justifier comme une compétence inhérente à leur souveraineté. La Déclaration sur les causes de la sécession, adoptée le 24 décembre 1860 par la convention de Caroline du Sud, premier État à se séparer de l'Union, est à cet égard éloquente :

« En 1787, des délégués furent nommés par les États pour réviser les articles de la Confédération ; et, le 17 septembre 1787, ces délégués recommandèrent l'adoption par les États des articles de l'Union, connus comme la Constitution des États-Unis. Il fut ainsi établi, grâce à un pacte entre les États, un gouvernement ayant des objectifs et des pouvoirs définis, limités par les dispositions expresses de l'acte de cession [...]. Nous soutenons que le gouvernement ainsi établi doit respecter les deux grands principes de la Déclaration d'Indépendance ; et nous soutenons, en outre, que les modalités de sa constitution le soumettent à un troisième principe fondamental, à savoir : la loi du pacte. Nous maintenons que, dans tout pacte entre deux parties ou plus, l'obligation est mutuelle ; que le non-respect par l'une des parties contractantes d'un élément essentiel de l'accord libère entièrement de ses obligations l'autre partie ; et que, quand il n'est pas prévu d'arbitre, il revient à chaque partie de juger de l'acte de manquement et d'en tirer toutes les conséquences [1]. »

Sans la sécession comme garantie ultime, toute l'argumentation sur la souveraineté étatique et sur le pacte entre États manquerait de solidité logique et, surtout, de vraisemblance juridico-politique. De ce fait, la configuration des États membres de l'Union européenne comme maîtres des traités constitutifs suscite une interrogation relative à l'existence et, le cas échéant, aux conditions, d'un droit de sécession. La tâche prioritaire consiste donc à définir avec précision le contenu de la souveraineté, en dépouillant ce concept de ses fréquentes connotations mythiques.

Les limites de la souveraineté

La souveraineté est une des notions clés de toute la pensée juridico-politique moderne et, à ce titre, a fait l'objet d'une réflexion permanente qui, au cours des quatre derniers siècles, a fait couler de véritables fleuves

1. Le texte de la *South Carolina Declaration of the Causes of Secession* est repris dans R. Hofstadter, *op. cit.*, p. 386 et suiv., d'où on l'a cité.

d'encre [1]. Cependant, il ne semble pas impossible d'introduire un peu d'ordre et de clarté sur ce sujet. Pour cela, au risque de simplifier, il faut faire abstraction des détails des différentes constructions théoriques et concentrer davantage son attention sur les grands phénomènes historiques qui ont influencé l'émergence et l'évolution du concept même de souveraineté.

Même s'il trouve ses racines dans le bas Moyen Âge, le concept de souveraineté se consolide à partir du XVIe siècle comme une composante fondamentale du processus de centralisation du pouvoir politique qui donne naissance à l'État moderne. On sait que celui-ci apparaît avec la progressive sujétion des autorités inférieures (seigneurs féodaux, communes libres, etc.) et la répudiation, résultant de la dissolution de l'unité spirituelle de l'Europe, des autorités supérieures que constituaient la papauté et l'empire. Les monarchies territoriales émergentes sont ainsi devenues le point de référence unique et obligé en matière de pouvoir politique [2]. Dans ce contexte, la souveraineté est l'instrument conceptuel qui explique et justifie la nouvelle réalité étatique. Le caractère absolu qui est attribué au pouvoir de l'État – comme le rappelle la formule classique de Bodin dans le chapitre 8 du livre I de *La République*, selon laquelle « la

1. Parmi cette immense production bibliographique sur le concept de souveraineté, il existe deux excellents résumés : du point de vue de l'histoire de la pensée politique, N. Matteuci, « Sovranità », dans N. Bobbio, N. Matteuci et G. Pasquino, *Dizionario di politica*, 2e éd., Turin, Utet, 1983, p. 1102 et suiv. ; et, du point de vue de l'histoire du droit, H. Steinberger, « Sovereignty », dans R. Bernhardt (ed.), *Encyclopedia of Public International Law*, vol. 10, Amsterdam, North-Holland, 1987, p. 397 et suiv. Voir, de la même manière, les études critiques récentes et documentées de N. McCormick, « Beyond the Sovereign State », *Modern Law Review*, 56, 1993, p. 1 et suiv. ; et de L. Ferrajoli, *La sovranità nel mondo moderno*, Milan, Anabasi, 1995.

2. Sur la formation de l'État moderne, voir G. Poggi, *La vicenda dello stato moderno*, Bologne, Il Mulino, 1978, en particulier p. 97 et suiv.

souveraineté est le pouvoir perpétuel et absolu de la République [1] » – va plus loin que l'ancienne idée selon laquelle certaines autorités sont placées au sommet (*superiorem non recognoscentes*) et que, par conséquent, leurs décisions ne peuvent être révisées par une autre autorité (*privilegia de non appellando et de non evocando*). L'existence d'une pluralité d'autorités, même hiérarchisée, est incompatible avec le concept de souveraineté. L'État doit être le centre unique du pouvoir politique et il doit également être détaché de toute norme supérieure. C'est de là que vient la tradition de réflexion sur la raison d'État, dont la finalité première était de neutraliser les différentes doctrines du droit naturel et qui a contribué par là même en définitive à poser les bases du positivisme juridique [2]. Pour le reste, dans la mesure où les États conçoivent leur pouvoir comme absolu, leurs relations restent marquées par la reconnaissance de la guerre comme instrument légitime de la défense de leurs propres intérêts (*jus ad bellum*). Le concept de souveraineté est donc incontestablement un produit de la pensée absolutiste.

Loin de constituer un simple exercice d'érudition historique, cette observation est d'une importance cruciale, y compris pour la période actuelle, si l'on veut éviter toute équivoque sur l'idée de souveraineté. En effet, il est fréquent d'identifier pouvoir souverain et autorité suprême au sein d'un ordonnancement juridique ; ce qui conduit à affirmer que la souveraineté est une caractéristique nécessaire de tout ordonnancement juridique – du moins de tout ordonnancement présentant un minimum de complexité et de sophistication – puisque, sans autorité

1. J. Bodin, *Les six livres de la République* (traduction espagnole), Madrid, Tecnos, 1985, p. 47.

2. L'œuvre classique dans ce domaine reste celle de F. Meinecke, *La idea de la razón de Estado en la edad Moderna* (traduction espagnole), Madrid, Instituto de Estudios Políticos, 1959.

suprême, il serait impossible de reconduire dans l'unité la pluralité des institutions chargées de créer et d'appliquer les normes juridiques. Il est indiscutable que tout ordonnancement juridique authentique doit avoir une autorité suprême ; mais si l'on adopte le terme de « souveraineté » pour désigner cette caractéristique, on perd de vue la spécificité historique d'un type d'ordonnancement juridique déterminé comme l'est celui de l'État moderne. Il ne s'agit plus seulement de l'existence d'une autorité suprême ou inconditionnée – ce qui était déjà le cas des structures juridico-politiques antérieures, tant au Moyen Âge que dans l'Antiquité – mais d'une autorité *exclusive*. Ainsi, l'État moderne se caractérise véritablement par le fait qu'il n'admet pas de centres de pouvoir en dehors de lui-même. C'est donc uniquement en vertu de la reconnaissance étatique que peuvent être créées et appliquées les normes juridiques. Face au pluralisme antérieur des centres de pouvoir propre à la *respublica christiana* médiévale, la notion moderne de souveraineté fut forgée pour désigner cette nouvelle monopolisation du pouvoir.

Étant donné le caractère suprême et exclusif attribué au pouvoir souverain, nul ne doit être surpris par l'affirmation traditionnelle selon laquelle la souveraineté présente deux facettes : interne (relation de l'État avec ses sujets) et externe (relation entre États). Il est intéressant de souligner que dans la pensée absolutiste – ainsi que, considérée dans son ensemble, dans la pratique politique de l'absolutisme –, ces deux facettes de la souveraineté coïncidaient : pouvoir universel à l'intérieur et défense effective des intérêts propres face à l'extérieur étaient, de fait, les deux aspects d'un même phénomène. Pour cette raison, la souveraineté était un concept réaliste ; il ne se limitait pas à remplir une fonction de justification de la forme du pouvoir politique mais également de description digne de foi de son exercice effectif. Plus encore, dans le contexte absolutiste, la cohérence et le réalisme du concept de souveraineté parvenaient à faire coïncider l'objet auquel prétend le pouvoir politique absolu avec le titulaire de celui-ci : l'État reste personnifié par le monarque et, surtout, la volonté de ce dernier est la plus grande expression de la puissance du premier (*quod principi placuit legem habet vigorem*) [1].

À partir du moment où il a cessé d'être cohérent et réaliste, le concept de souveraineté a commencé à glisser sur la pente de l'idéalisation, voire de la mythification. Autrement dit, à mesure qu'il perdait sa capacité à décrire la réalité, il a progressivement cessé d'être convaincant comme justification de la forme du pouvoir politique. Il ne fait pas de doute que la détérioration de la souveraineté a commencé par sa dimension interne et qu'elle fut la conséquence inévitable du constitutionnalisme : il est en effet difficile d'affirmer en même temps le caractère absolu du pouvoir politique et sa sujétion aux normes juridiques. À cet égard, il est significatif que les luttes libérales aient adopté comme emblème l'attribution de la souveraineté à un nouveau sujet (nation, peuple, etc.) ; mais il est clair que, à l'exception de la chimère de la démocratie directe, le constitutionnalisme produit une dissociation entre l'appareil d'État et le titulaire de la souveraineté. Les luttes pour la souveraineté nationale ou, déjà sur le mode démocratique, pour la souveraineté populaire ne cherchaient pas à ce que la nation ou le

1. Cette célèbre maxime vient du juriste romain Ulpiano et est reprise dans *Digesto* I. 4.1. Il faut observer que dans sa signification originelle, même si elle justifiait le pouvoir impérial, elle ne comportait pas d'identification entre la volonté de l'empereur et la loi, mais une comparaison des effets des décrets impériaux à la force de la loi. Dans la pensée romaine, l'idée que la loi était la volonté des assemblées populaires ne fut jamais complètement abandonnée. Voir M. Ducos, *Rome et le droit*, Paris, Librairie générale française, 1996, p. 27 et suiv.

peuple, en tant que tels, exercent le pouvoir qui avait été celui du monarque, parce que ce rôle revenait essentiellement à leurs représentants. La simple proclamation d'un titulaire de la souveraineté, auquel ne correspond déjà plus l'exercice immédiat du pouvoir politique, a une signification très différente : elle se limite à établir quelle est la source suprême de la légitimité au sein d'un État.

De ce fait, dans un contexte véritablement constitutionnel, continuer à parler d'État souverain consiste soit en une opération idéologique, soit en un raisonnement circulaire. La première possibilité est illustrée par l'exemple de l'insistance d'illustres juristes allemands de la fin du XIXe siècle, qui tentèrent de donner à l'État la figure d'une personne juridique, afin de disposer d'un centre abstrait d'attribution de souveraineté et de laisser ainsi dans la pénombre le fait que, dans l'Allemagne bismarckienne, subsistaient de larges domaines soustraits à la puissance législative du Parlement représentatif et réservés exclusivement à la prérogative royale [1]. La deuxième alternative se présente quand on soutient inflexiblement qu'aujourd'hui la souveraineté est un simple synonyme d'un système juridique originel, c'est-à-dire d'un ordonnancement qui ne trouve pas le fondement de sa validité dans un ordonnancement supérieur : si l'on se demande pourquoi l'État est un ordonnancement originel, à un moment ou à un autre, on est obligé de revenir à la notion de souveraineté [2]. Voilà un exercice

1. C'est précisément la dénonciation de la dogmatique allemande classique faite par Hermann Heller qui avait consacré, en 1927, un travail monographique au concept de souveraineté. Voir H. Heller, *Teoría del Estado* (trad. espagnole), Mexico, Fondo de Cultura Económica, 1983, p. 256 et suiv.

2. C'est une position que l'on rencontre fréquemment chez les juristes italiens. Pour un exemple emblématique, il faut se reporter au manuel classique de C. Mortati, *Instituzioni di diritto pubblico*, 9e éd., vol. I, Padoue, Cedam, 1975, p. 98 et suiv.

vain de formalisme juridique. En définitive, la seule attitude réaliste devant les faits et cohérente avec les valeurs défendues est d'affirmer que, dans un véritable État constitutionnel, il n'y a aucun souverain [1].

L'érosion de la souveraineté externe a commencé plus tardivement et, comme le montre bien le débat sur l'intégration européenne, le processus n'est pas encore terminé. Avant toute autre réflexion, il est extrêmement important de signaler que la simple dissociation entre les aspects interne et externe de la souveraineté est porteuse de difficultés sérieuses et de conflits, pour le moins d'ordre moral, qui sont bien perceptibles : les États démocratiques continuent d'adopter, dans leurs relations extérieures, des normes d'évaluation et de comportement qu'ils osent rarement utiliser pour leurs affaires internes [2].

---

1. Cette idée d'absence de souverain dans un État constitutionnel est défendue vigoureusement et de manière très convaincante par M. Kriele, *Introducción a la teoría del Estado*, Buenos Aires, Depalma, 1980, p. 149 et suiv. C'est dans ce contexte que prend tout son sens la critique réactionnaire de Carl Schmitt, développée dans son ouvrage de 1922, *Teología política* (trad. française : *Théologie politique*, Paris, Gallimard, 1988) : c'est précisément parce qu'il était conscient qu'on ne pouvait pas parler d'un véritable souverain dans l'État constitutionnel qu'il a affirmé qu'« est souverain celui qui décide de l'état d'exception », soutenant ainsi que la stabilité constitutionnelle dépend toujours d'une volonté humaine inconditionnée. Cela veut dire que la démocratie n'est, en définitive, que le produit de la simple tolérance de celui qui pourrait déclarer l'état d'exception ou, en résumé, que toute démocratie est une « démocratie surveillée ». Voir le recueil des écrits de C. Schmitt, *Le categorie del politico* (traduction italienne), Bologne, Il Mulino, 1972, p. 33 et suiv. De plus, ce fut également cet auteur qui mit clairement en évidence la contradiction des révolutions libérales, qui persistèrent dans la conservation du concept de souveraineté au sein de l'État constitutionnel. Voir C. Schmitt, *Teoría de la Constitución*, Madrid, Alianza, 1982, p. 149 et suiv. (trad. française : *Théorie de la Constitution*, Paris, PUF, 1993).

2. Ce problème a été analysé par N. Bobbio, « Democrazia e sistema internazionale », repris dans son livre *Il futuro della democrazia*, 3e éd., Turin, Einaudi, 1995, p. 195 et suiv.

Les facteurs qui ont contribué à l'érosion de la souveraineté externe, également bien connus, sont essentiellement de deux types : d'un côté, on trouve les transformations économiques, technologiques, militaires et géopolitiques qui ont réduit, sinon éliminé, la capacité de l'État à contrôler son territoire, sa population et ses richesses en accentuant l'interdépendance avec le monde extérieur ; de l'autre côté, les grands cataclysmes de ce siècle ont donné lieu à un développement sans précédent du droit international [1].

Ainsi, aujourd'hui, toute utilisation du concept de souveraineté qui, n'étant pas simplement rhétorique, prétend à un minimum de rigueur doit prendre en considération les normes internationales correspondantes. Quel est alors le sens de la souveraineté externe dans le droit international contemporain ?

En résumant sommairement, il convient de souligner les points suivants. Premièrement, la souveraineté est essentiellement une qualité des États. Il s'ensuit que les organisations internationales – catégorie à laquelle appartient l'Union européenne, de par ses origines – ne peuvent être réputées souveraines. Deuxièmement, la souveraineté constitue un statut qui déploie tous ses effets au sein même du droit international et non pas à la marge de celui-ci. Troisièmement, la souveraineté a pour finalité principale de protéger l'égalité juridique de tous les États dans leurs relations réciproques, en prohi-

1. Une analyse intéressante de l'actuel phénomène de la perte de lien progressive entre la richesse et le territoire et, par conséquent, de la progressive perte de contrôle des États sur cette dernière est présentée dans le volume de F. Galgano, S. Cassese, G. Tremonti et T. Treu, *Nazioni senza richezza e richezza senza nazione*, Bologne, Il Mulino, 1993. Par ailleurs, sur l'évolution du droit international au XXe siècle, il faut se reporter à J.A. Carillo Salcedo, *El derecho internacional en perspectiva histórica*, Madrid, Tecnos, 1991, en particulier, p. 45 et suiv.

bant l'usage arbitraire de la force et, dans une moindre mesure, l'intervention de tiers dans les affaires purement internes [1]. Comme on peut le constater, la signification actuelle de la souveraineté externe est plutôt modeste : elle se limite clairement à définir la condition même de l'État, c'est-à-dire du sujet primaire des relations internationales. Dans ce sens, il est intéressant d'observer que l'idéalisation du concept de souveraineté dans sa dimension externe a débouché sur un résultat paradoxal : elle sert essentiellement à doter de garanties les États les plus faibles, ceux qui éprouvent le plus de difficultés à affirmer leur indépendance. En résumé, dans les relations internationales, l'idéalisation de la souveraineté serait un rempart contre la tentation toujours récurrente de faire revivre une conception réaliste de celle-ci.

Au vu de ce qui précède, il ne faut pas s'étonner qu'Herbert Hart, un des plus grands théoriciens du droit du XXe siècle, que l'on ne peut soupçonner d'extrémisme, ait pu dire du concept de souveraineté :

« Il vaut la peine d'observer que l'usage non critique de l'idée de souveraineté a répandu une confusion similaire tant dans la théorie du droit national que dans celle du droit international et qu'il exige dans les deux cas un correctif similaire. Sous son influence, nous pouvons croire que, dans tout système juridique national, il doit y avoir un législateur souverain non soumis à une limitation juridique ; de la même manière que nous pouvons croire que le droit international doit posséder une certaine caractéristique parce que les États sont souverains et non susceptibles d'être limités juridiquement sauf par un acte qui leur est propre. Dans les deux cas, la croyance dans l'existence nécessaire du souverain non limité juridiquement préjuge d'une question à laquelle nous ne pouvons répondre qu'en exa-

1. Sur le sens de la souveraineté dans le droit international contemporain, voir H. Steinberger, *op. cit.*, p. 408 et suiv.

minant les normes en vigueur. La question concernant le droit national est : quelle est l'étendue reconnue de l'autorité législative suprême dans ce système ? Pour le droit international, cette question est : quelle est l'étendue maximum d'autonomie que les normes reconnaissent aux États [1] ? »

La souveraineté comme limite à l'intégration

À ce stade, il est déjà possible d'examiner si les États membres de l'Union européenne peuvent se prévaloir d'un quelconque type de droit de sécession. Son existence validerait ainsi l'idée selon laquelle les États membres sont les maîtres des traités constitutifs, avec toutes les conséquences qui en résultent.

L'affirmation selon laquelle la souveraineté étatique comporte un droit d'extinction – ou, le cas échéant, de suspension – unilatéral des traités internationaux n'est pas nouvelle. De même d'ailleurs que les arguments qui lui sont contraires. Lord McNair, un internationaliste éminent, l'affirme dès 1958 :

> « La doctrine de la souveraineté de l'État est un vin si enivrant que, maintes et maintes fois, on retrouve les États affirmant que tout compromis international qui restreint la sphère d'activité leur incombant n'est pas valide, sur le fondement qu'il est incompatible avec leur souveraineté. La duperie fondamentale sous-jacente à cette affirmation est difficile à faire disparaître. »

Et plus loin il cite, entre autres, l'éloquente résolution que la Cour permanente de justice internationale a rendu, en 1923, dans l'affaire Wimbledon :

---

1. H.L.A. Hart, *Le Concept de droit*, Bruxelles, Facultés universitaires Saint-Louis, 1976, p. 275-276.

« La Cour refuse de voir dans le respect d'un traité par lequel un État s'engage à réaliser ou à s'abstenir de réaliser un acte concret l'abandon de sa souveraineté. Sans doute, tout traité qui crée une obligation de ce type impose une restriction à l'exercice des droits souverains de l'État, dans le sens où il suppose qu'ils soient exercés de manière déterminée. Mais le droit d'accepter des engagements internationaux est un attribut de la souveraineté de l'État [1]. »

L'inexistence d'un droit universel et inconditionné d'extinction des traités internationaux est aujourd'hui admis sans controverse par le droit international [2]. Appliqué à l'Union européenne, cela signifie qu'il n'existe pas un droit universel et inconditionné de sécession. Quelles sont, dès lors, les conditions selon lesquelles le droit international permet l'extinction unilatérale des traités ? La réponse se trouve dans la convention de Vienne de 1969 sur le droit des traités. Son article 54 dispose que le retrait d'un État est possible à condition que le traité lui-même le prévoie ou qu'il obtienne le consentement de toutes les parties ; mais les traités constitutifs de l'Union européenne ne prévoient pas l'hypothèse du retrait d'un de ses États membres et il est peu vraisemblable que, face à la menace de sécession de la part de l'un d'entre eux, les autres lui donnent simplement leur accord.

Pour cette raison, la norme pertinente est l'article 56 de la convention de Vienne, sur « la dénonciation ou le retrait dans le cas d'un traité qui ne contient pas de dispositions relatives à l'extinction, à la dénonciation ou au retrait » :

---

1. Lord McNair, *op. cit.*, p. 758-759.
2. Voir M. Akehurst, « Treaties (Termination) », dans R. Bernhardt (ed.), *Encyclopedia of Public International Law*, vol. 7, Amsterdam, North-Holland, 1984, p. 507 et suiv.

« 1. Un traité qui ne contient pas de dispositions relatives à son extinction et ne prévoit pas qu'il puisse être dénoncé ou que l'on puisse s'en retirer ne peut faire l'objet d'une dénonciation ou d'un retrait, à moins :

a) qu'il ne soit établi que les parties avaient l'intention d'admettre l'éventualité de la dénonciation ou du retrait, ou

b) que le droit de dénonciation ou de retrait ne puisse être déduit de la nature du traité.

2. La partie doit notifier avec au minimum douze mois de préavis son intention de dénoncer un traité ou de s'en retirer conformément aux dispositions du paragraphe 1. »

Il est évident que, lors de la signature des différents traités constitutifs de l'Union européenne, les États membres n'avaient aucunement l'intention d'admettre un droit de retrait unilatéral. On en trouve une confirmation dans l'article A du traité de Maastricht, qui définit ce dernier comme « une nouvelle étape dans le processus de création d'une Union sans cesse plus étroite entre les peuples de l'Europe ». On ne peut pas non plus déduire de la nature des traités constitutifs un droit de retrait unilatéral, puisqu'il serait incompatible avec les objectifs inhérents à la création d'une structure supranationale [1].

Il est néanmoins évident que l'article 60 de la convention de Vienne prévoit une autre possibilité d'extinction des traités internationaux : leur « violation substantielle », qui permet à la partie lésée de se retirer unilatéralement. Cette norme est fondée sur le principe selon lequel celui qui ne respecte pas un pacte ne peut exiger des autres son respect et, pour cette raison, elle peut paraître appropriée pour justifier les prétentions de ceux qui défendent l'idée selon laquelle les États membres sont les maîtres des traités constitutifs. Or, le paragraphe 3 du même article 60

---

1. Sur ce point, voir K. Lenaerts et P. van Nuffel, *Constitutional Law of European Union*, Londres, Sweet & Maxwell, 1999, p. 286.

de la convention de Vienne définit ce que l'on doit entendre par « violation substantielle » :

> « Pour l'application du présent article, une violation substantielle d'un traité international est constituée par :
> *a)* un rejet du traité non autorisé par la présente Convention, ou
> *b)* la violation d'une disposition essentielle pour la réalisation de l'objet ou du but du traité. »

On en déduit sans difficulté que la « violation substantielle » ne fait pas référence à une atteinte, plus ou moins réelle, aux droits souverains de l'une des parties mais, bien au contraire, à une attitude qui met en péril l'existence ou l'effectivité du traité. Il serait difficile d'imaginer que « la réalisation de l'objet ou de la finalité » des traités constitutifs puisse être menacée par des interprétations juridiques ou des pratiques politiques qui sont rejetées par les chantres de la souveraineté parce qu'elles tendent à renforcer l'intégration.

En conclusion, aux yeux du droit international, la seule forme licite de sécession d'un État membre de l'Union européenne serait celle qui interviendrait avec le consentement préalable de *toutes* les parties. Il va sans dire qu'une telle éventualité impliquerait une négociation complexe, ainsi probablement que le respect de certaines conditions propres à l'acceptation du retrait.

En l'absence d'un droit de sécession unilatéral dans l'Union européenne, on voit mal sur quel fondement juridique pourrait s'appuyer la prétention d'un État membre de soumettre à un contrôle de constitutionnalité nationale des normes de droit communautaire qui ne répondraient pas à certaines caractéristiques – par exemple, une interprétation restrictive des compétences transférées à l'Union. De même, force est de conclure que le concept de souveraineté manque actuellement d'un contenu juridico-politique suffisamment large pour élaborer clairement sur son fondement les droits et les devoirs des États.

Certes, dans une perspective politiquement réaliste, on pourrait affirmer que, bien que la sécession ne soit pas un droit, elle peut s'imposer en fait. Dans cette hypothèse, ainsi que dans celle, moins radicale, d'une rébellion ouverte contre certaines normes communautaires, l'Union européenne pourrait seulement réagir par l'imposition de sanctions de nature financière [1] ou, dans des cas particulièrement graves, par la suspension des droits de l'État membre concerné [2] ; mais, par définition, elle serait dépourvue de la possibilité de recourir à la force. Il est évident que les institutions communautaires manquent de moyens de coercition ; et cela parce que, comme l'a expressément reconnu la Cour de justice des Communautés européennes elle-même dans l'arrêt *Hoechst c/ Commission*, ce sont précisément les États membres qui doivent utiliser leur monopole de la violence légitime pour imposer le respect des normes communautaires [3]. Si les États membres sont le bras armé de l'Union européenne, il ne serait pas raisonnable d'espérer qu'ils emploient la force contre eux-mêmes. Ainsi, dans cette perspective réaliste, il ne leur resterait plus qu'à prendre note de la célèbre mise en garde de Hobbes, dans le chapitre 17 du *Léviathan* : « Les pactes qui ne reposent pas sur l'épée ne sont rien de plus que des mots, sans force pour protéger l'homme de quelque manière que ce soit. »

1. Art. 226 et suiv. du traité instituant la Communauté européenne.
2. Art. 7 du traité sur l'Union européenne et art. 309 du traité instituant la Communauté européenne.
3. *Hoechst c/Commission*, 21 septembre 1989 (affaires 46/87 et 227/88), Rec. 1989, p. 2859, § 33 à 35.

Or, en dépit de ses illustres origines, il est loin d'être évident qu'un réalisme politique de ce genre rende pleinement compte des intérêts actuellement en jeu au sein de l'Union européenne. Sans qu'il soit nécessaire de faire une analyse particulièrement sophistiquée, deux considérations s'imposent. Premièrement, même pour le plus puissant des États membres, la sécession comporterait d'incalculables coûts économiques. Deuxièmement, la sécession et, plus généralement, la remise en question de l'Union européenne, laisseraient place à un scénario dans lequel la tentation de faire revivre le *jus ad bellum* comme moyen de règlement des conflits entre les actuels États membres cesserait d'apparaître comme invraisemblable. On se rappellera que, dans l'esprit de ceux qui donnèrent vie au processus d'intégration européenne, l'interdépendance économique n'était pas une fin en soi mais, surtout, un moyen d'assurer la paix en Europe [1]. Dans cette optique, il serait extrêmement dangereux de remettre en question les mécanismes qui assurent la suprématie du droit communautaire, puisque celui-ci opère comme une autorité supérieure face aux excès d'un pouvoir étatique trop enclin à la défense d'intérêts particularistes. Les États membres de l'Union européenne ont renoncé à leurs *privilegia de non appellando* et de *non evocando*.

Tout cela n'implique pas que le lien fondateur – ou, si l'on préfère, la norme fondamentale – de l'Union européenne ait cessé de relever du droit international : toute révision des traités constitutifs continue d'exiger le

1. Il existait sur ce point une convergence entre des fonctionnalistes, comme Jean Monnet ou Robert Schuman, et des fédéralistes, comme Altiero Spinelli. Voir, par exemple, D.W. Urwin, *The Community of Europe (A History of European Integration since 1945)*, Londres-New York, Longman, 1991, en particulier, p. 27 et suiv. ; et B. Olivi, *L'Europa difficile (Storia politica della Comunità Europea)*, Bologne, Il Mulino, 1993, en particulier, p. 19 et suiv.

consentement des États membres. Mais, pour être correctement compris, le constat d'après lequel l'Union européenne repose sur un lien fondateur de droit international doit être précisé dans un double sens.

D'une part, rien n'empêche de remplacer un lien de droit international par un acte de droit constitutionnel : il se peut que la souveraineté soit un pouvoir absolu, mais elle n'est certainement pas éternelle. Si l'on veut continuer à raisonner en termes de souveraineté, il faut admettre que celle-ci repose sur l'effectivité. Ainsi, un véritable acte constituant européen pourrait mettre formellement fin au caractère souverain des États membres. Mieux encore : même en conservant la nature juridico-internationale du lien fondateur de l'Union européenne, la position des États membres face à celui-ci pourrait s'affaiblir. Selon le droit international général, en effet, rien n'empêche que les traités internationaux qui instituent des organisations internationales ne prévoient que leur propre révision ne soit pas soumise à un consentement unanime de tous les États signataires ; ce qui signifie qu'un État peut se voir soumis, comme cela arrive dans la pratique pour un nombre non négligeable d'organisations internationales, à de nouvelles normes conventionnelles y compris sans ou contre sa volonté [1]. Certes, l'introduction d'une procédure simplifiée ou ne requérant pas l'unanimité pour la révision des traités constitutifs de l'Union européenne supposerait la réforme préalable de l'article 48 du traité sur l'Union européenne et, par conséquent, l'unanimité de tous les États membres ; mais, si cette réforme était menée à son terme, les États membres, conformément au droit international général en vigueur, perdraient le droit d'invoquer leur condition sou-

1. Voir R.J. Dupuy, *Manuel sur les organisations internationales*, Dordrecht-Boston, Martinus Nijhoff, 1988, p. 42-43.

veraine pour se dégager des révisions des traités constitutifs adoptées sans leur consentement [1].

D'autre part, affirmer que le lien fondateur relève du droit international ne permet pas de conclure, ni *de jure* ni *de facto*, que la force obligatoire des traités constitutifs dépend uniquement de la bonne volonté des parties. Des mécanismes de contrôle et de sanction sont prévus par les traités. Rappelons aussi une donnée cruciale : si l'Union européenne est actuellement dépourvue de véritables instruments de coercition, on ne doit pas pour autant perdre de vue qu'elle constitue un système supranational original, dont l'effectivité n'a pas besoin de reposer sur la menace de la violence. En l'occurrence, il ne s'agit pas d'invoquer naïvement le droit naturel, mais de souligner que l'interdépendance peut constituer une alternative à la coercition lorsqu'il s'agit d'affirmer l'effectivité d'un véritable droit positif. À la lumière de ce phénomène, l'expression, souvent adoptée par la Cour de justice des Communautés européennes, selon laquelle l'Union européenne est une « communauté de droit » acquiert un sens nouveau et plus profond [2]. Cela ne signifie pas seulement que l'Union européenne est soumise dans son activité au principe de légalité – transposition au niveau supranational du principe de l'État de droit – mais également que l'Union européenne atteint ses objectifs uniquement par le droit. Elle a renoncé à toute tentation d'user de la vio-

1. Une éventuelle application de cette possibilité, comme moyen de constitutionnaliser progressivement les traités constitutifs de l'Union européenne, est examinée par B. de Witte, « International Agreement or European Constitution », dans J.A. Winter et al. (eds), *Reforming the Treaty on European Union,* The Hague-Boston-Londres, Kluwer, 1995, p. 3 et suiv.

2. Ce terme est employé, entre autres, dans les arrêts *Parti écologiste « les Verts » c/Parlement européen*, 23 avril 1986 (affaire 294/83), Rec. 1986, p. 1339, § 23 et dans l'avis 1/91 (Espace économique européen) du 14 décembre 1991, Rec. 1991, p. I-6079 § 21.

lence dans les relations entre les pouvoirs publics, de sorte que sa seule force est son droit [1].

De ce fait, l'invocation de la souveraineté étatique est moins un exercice de réalisme politique qu'un accès de nostalgie. Il serait bon désormais de faire abstraction du concept de souveraineté dans le raisonnement juridique et politique. L'attachement excessif à ce dernier cache toujours l'inavouable croyance en la supériorité innée de son propre groupe. En critiquant ceux qui prétendent que le droit national doit prévaloir dans tous les cas, Hans Kelsen, qui était un ennemi irréductible du concept de souveraineté, a décrit cette croyance en des termes inoubliables :

« Déclarer que l'ordre social de son propre groupe est le seul "droit" véritable est un point de vue typiquement primitif, comparable à l'opinion que seuls les membres de son propre groupe sont de véritables êtres humains. Dans le langage de certaines

1. Sur ce sujet, deux mises au point de nature théorique s'imposent. D'une part, depuis Max Weber et Hans Kelsen, est considérée comme inacceptable toute définition du droit positif qui ne tient pas compte de la part de coercition qui lui est inhérente. Or, toujours dans cette tradition webériano-kelsénienne, la coercition est envisagée comme un moyen d'imposer le respect des normes aux particuliers, non comme un moyen de résoudre les éventuels conflits entre les différents pouvoirs publics – ou niveaux de gouvernement – dont l'activité s'exerce sur ces mêmes particuliers. Il est clair que le droit communautaire n'est pas dépourvu de la possibilité de recourir à la coercition pour s'imposer aux particuliers. D'autre part, sans chercher à rompre la relation nécessaire entre le droit positif et la coercition, il se peut que la vision strictement kelsénienne ne soit pas la plus convaincante : au lieu d'affirmer que les normes juridiques se caractérisent par le fait qu'elles reposent sur une éventuelle exécution par la coercition – il existe de nombreuses normes pour lesquelles il n'est pas prévu d'exécution forcée –, il semble plus convaincant d'avancer que c'est le droit positif dans son ensemble qui se caractérise par la régulation et l'organisation de l'usage de la coercition. Cette vision alternative est, en particulier, celle d'un autre classique, voir A. Ross, *On Law and Justice*, Londres, Stevens & Sons, 1958, chap. 2.

tribus primitives, le terme employé pour définir l'"être humain" est le même que celui qu'utilisent les membres de la tribu pour se désigner eux-mêmes, par opposition à ceux des autres tribus. À l'origine, les Grecs antiques ne considéraient comme communauté juridique que leur propre "polis" et rejetaient tous les étrangers comme des barbares placés hors la loi. Aujourd'hui encore, il existe une tendance à ne pas accepter l'ordre social d'une autre communauté comme du "droit" au plein sens du terme, surtout quand il comporte des principes politiques différents des siens [1]. »

Luis María DÍEZ-PICAZO

1. H. Kelsen, *Teoría general del derecho y del Estado*, Mexico, Université autonome nationale de Mexico, 1979, p. 453. Trad. française : *Théorie générale du droit et de l'État*, Paris, LGDJ, 1997.

Chapitre 3

Le moment est-il venu d'élaborer une Constitution européenne ?

La confusion règne dans la discussion sur l'élaboration d'une éventuelle Constitution européenne. La question de départ elle-même n'a pas été élucidée : une telle Constitution existe-t-elle déjà ou est-elle encore à créer ? Alors que de plus en plus de voix s'élèvent parmi les journalistes et les hommes politiques pour que l'Union européenne se dote d'une Constitution, les spécialistes en droit communautaire n'ont de cesse de rappeler que l'Europe dispose depuis longtemps d'une Constitution. C'est également le point de vue de la Cour de justice des Communautés européennes qui exerce de fait une fonction de Cour constitutionnelle européenne. Les deux points de vue ne peuvent évidemment pas coexister. Soit il existe déjà une Constitution européenne : dans ce cas, il faut discuter de son perfectionnement, et il n'est pas plausible de revendiquer son élaboration. Soit l'Union européenne ne dispose pas encore d'une Constitution, et il est alors légitime de se demander si elle ne devrait pas se doter d'un tel texte. Mais il se peut également qu'au cours de l'exposé de leurs points de vue respectifs, les deux tenants de la discussion mettent en avant une conception différente de l'idée de Constitution.

Si l'on demande aux spécialistes en droit communautaire quelle est, à leur avis, la Constitution dont dispose l'Europe, ils nous renvoient aux traités. Ceux-là mêmes qui ont permis la création des Communautés européennes en 1957, et qui ont finalement conduit, à travers leur approfondissement et leur modification, à l'apparition de l'Union européenne. Par conséquent, malgré l'évidence de ces faits, lorsque les hommes politiques poussent à la rédaction d'une Constitution, c'est sans doute parce qu'ils ne reconnaissent pas aux traités un statut de Constitution. Dans leur optique, les traités ont un statut différent et ne constituent plus aujourd'hui une base juridique suffisante pour l'Union européenne. En fin de compte, l'interrogation porte sur la différence qui existe entre un traité et une Constitution, puis, une fois cette question résolue, sur la pertinence qu'il y aurait à maintenir cette distinction ou à la laisser de côté. Donc, il s'agit d'abord de rechercher quels sont les attributs de la Constitution qui manquent aux traités, sachant que la réponse à cette interrogation requiert un examen préalable du caractère spécifique de la Constitution.

Au sens juridique moderne du terme, apparu vers la fin du XVIIIe siècle avec les révolutions américaine et française, les Constitutions doivent en grande partie leur apparition à un double facteur. Premièrement, le pouvoir politique, qui avait auparavant légitimé sa présence au nom de droits intrinsèques ou d'un droit divin, dut se soumettre à l'approbation des gouvernés et s'organiser en conséquence. Deuxièmement, ce même pouvoir politique, qui avait été jusque-là à l'origine du droit, sans y être lui-même soumis, fut contraint de se soumettre au droit, et en même temps à se limiter en faveur de la liberté des gouvernés. La Constitution a dès lors deux fonctions fondamentales. La première réside dans la soumission du pouvoir politique au droit : ceci concerne l'État de droit dans le constitutionnalisme moderne. La seconde réside dans la légitimation du pouvoir politique par le peuple : il s'agit alors de l'aspect démocratique du constitutionnalisme moderne. Ces deux fonctions ne peuvent être remplies que si la Constitution n'émane pas des gouvernants eux-mêmes mais du peuple, et si elle a la préséance sur les règles créées par les institutions étatiques.

Cette conception de l'ordre fondateur, qui ne découle pas de l'État mais contribue à son apparition, et à l'aune duquel il est possible d'apprécier si le pouvoir étatique est exercé de façon légale, est toujours en vigueur aujourd'hui. Il convient dès lors de se demander si les traités répondent à ces exigences. Dans ce contexte, le fait que ces mêmes traités n'aient pas l'apparence d'une Constitution classique, parce qu'ils sont plus longs que la plupart des Constitutions, ou divisés en plusieurs parties alors que les Constitutions ne sont généralement constituées que d'un seul texte, n'a aucune importance. Et il en va de même du fait que les traités n'aient pas disposé jusqu'à présent d'une liste de droits fondamentaux, et ce malgré l'adoption, en décembre 2000, de la Charte des droits fondamentaux, alors que ceci constitue un aspect traditionnel des Constitutions. Tous ces aspects ne concernent pourtant que l'apparence et le contenu des Constitutions, sans en remettre en cause le concept même ou la fonction.

En ce qui concerne la fonction, de la même façon que les Constitutions engendrent des États, les traités ont permis la création des Communautés européennes. Et comme le font les Constitutions, les traités ont défini les objectifs et les tâches des Communautés, ont créé leurs institutions, doté celles-ci de compétences et ont prévu des règles de fonctionnement. Les traités donnent également des renseignements sur le mode de nomination aux emplois dans les différentes institutions, encadrent leurs pouvoirs et prévoient des moyens d'action. Enfin, les traités règlent les relations entre les Communautés et les États membres, ainsi qu'avec leurs ressortissants. Ce sont tous des instructions qui, dans un État, seraient inscrites dans la Constitution. Les traités revendiquent également la primauté sur les actes de droit édictés par les organes communautaires. Dès lors, les décisions de ces derniers ne peuvent être légitimes que si elles sont prises sur la base et dans le cadre prévu par les traités. Ces mêmes organes ne peuvent modifier ces fondements selon leur bon vouloir : le cas échéant, comme c'est le cas dans une Constitution, une procédure particulière est prévue pour valider ce processus.

À partir de ce point de départ commun, on peut considérer que, dans le cas de l'Union européenne, les traités remplissent des fonctions aussi fondamentales que le ferait une Constitution dans un État. En ce sens, la position des spécialistes en droit communautaire, qui tend à considérer les traités comme étant la Constitution de l'Union européenne, n'est pas infondée. Cependant, si l'on prend en compte les deux éléments à la base du constitutionnalisme moderne, force est de constater que la concordance de vues se limite à l'un de ces éléments seulement, l'État de droit. En effet, tandis que cet élément s'est pleinement épanoui au niveau communautaire, le volet démocratique apparaît largement sous-développé. Car, contrairement aux Constitutions, les traités ne découlent pas du peuple, et ne peuvent lui être imputés. La source et le soutien du pouvoir politique au sein de l'Union européenne ne sont pas à rechercher dans sa population. Ces rôles sont plutôt dévolus aux États membres, qui ont participé à l'élaboration des traités, et disposent seuls de la capacité de les modifier ou de les résilier.

Cette différence peut également être exprimée de la façon suivante : alors que les États se dotent eux-mêmes d'une Constitution, l'Union européenne a reçu sa Constitution de l'extérieur. Les Constitutions démocratiques sont un acte d'autodétermination d'une société sur la nature et la forme de son unité politique. Les traités prétendent également produire une telle détermination. Cependant, il ne s'agit pas d'un acte d'autodétermination, mais plutôt d'un acte d'hétéro-détermination. Les traités disposent par conséquent de tous les attributs des Constitutions, excepté l'un d'entre eux : l'attribut démocratique. Ainsi, la différence fondamentale entre un traité et une Constitution réside dans le fait que le *pouvoir constituant* [1] n'a pas été transmis au nouvel ensemble politique : il est resté entre les mains des États membres. Ce n'est donc pas la société constitutive de la nouvelle entité politique qui est à l'origine de l'autorité publique européenne, mais les États. En ce sens, la position des hommes politiques, qui souligne le fait qu'il n'y ait pas encore de Constitution européenne, est également fondée. Les traités se distinguent dès lors d'une Constitution au sens propre du terme de la façon suivante : ils dépendent de la volonté des États membres, et non pas de la volonté des citoyens de l'Union.

Afin d'éviter tout malentendu, il faut tout de suite ajouter qu'il existe des Constitutions au sens propre qui ont été élaborées sous forme d'un traité parmi les membres d'une entité politique nouvellement créée. C'est ce qui s'est passé pour les États-Unis, la Confédération helvétique ou, encore, l'Empire allemand. Pourtant, nous ne sommes pas ici en présence d'un phénomène identique. Dans chacun des cas que nous venons de citer, le traité n'était que le mode choisi pour l'adoption de la Constitution à venir, la manière dont elle fut produite à l'origine. Mais, une fois achevé, le traité perd pour ainsi dire son caractère contractuel. Les décisions concernant l'avenir appartiennent à la nouvelle entité politique elle-même,

1. En français dans le texte.

non plus aux fondateurs. Et cela y compris dans le cas où les membres fondateurs, qui avaient participé à la décision initiale, subsistaient en tant qu'États, comme c'est le cas dans les systèmes fédéraux. Dès lors, ce n'est pas en tant que source et soutien autonomes de l'autorité souveraine qu'ils conservaient une part de leurs attributs, mais en tant que parties intégrantes des institutions de l'État nouvellement créé.

Les interrogations au sujet d'une éventuelle Constitution européenne concernent uniquement l'opportunité qu'il y aurait à combler ce vide, de telle sorte qu'à l'avenir l'Union européenne puisse approuver elle-même, et selon un procédé démocratique, son ordre constitutif. Toute autre interrogation qui pourrait être soulevée dans le cadre du débat « Constitution européenne » n'a pas lieu d'être. La transformation de la structure institutionnelle de l'Union européenne, qui semble nécessaire au vu des élargissements à venir, l'entrée en vigueur de la Charte des droits fondamentaux, qui est souhaitable dans l'optique du renforcement de la légitimation et de l'encadrement de la puissance publique européenne, ou encore les efforts de maquillage des traités en Constitution, sont des questions qui ne sauraient concerner le débat sur la Constitution européenne. Toutes ces interrogations peuvent en effet être résolues dans le cadre des traités. Seul le transfert du pouvoir constituant des États membres vers la société de l'Union européenne elle-même ou ses représentants serait une avancée vers la Constitution.

Cette avancée ne peut raisonnablement être réalisée qu'en parfaite connaissance des attentes et des conséquences qui y seront directement liées. En ce qui concerne les attentes, elles sont dominées par le thème quasi omniprésent du déficit démocratique européen, dénoncé depuis longtemps. Ce déficit croît dans la mesure où les décisions à la majorité s'augmentent et ne peuvent être suffisamment légitimées dans le seul cadre des systèmes nationaux. La Constitution devrait ainsi permettre de renforcer la légitimation démocratique de l'Union européenne et, en même temps, contribuer à réduire l'écart entre les institutions et les citoyens de l'Union. Les conséquences, quant à elles, découlent de la distinction qu'il y a entre un traité et une Constitution. L'élaboration d'une Constitution au sens propre consisterait alors à doter les traités de l'unique élément qui permette encore de les distinguer d'une Constitution : à savoir les soustraire à la seule responsabilité des États membres et les soumettre à la population européenne. Cela ferait alors passer l'Union européenne du statut d'association d'États à celui d'État fédéral.

Alors que la capacité d'autodétermination sur la nature et les formes de son système politique constitue l'une des caractéristiques d'un État, la soumission des fondements juridiques à une influence extérieure est une caractéristique des confédérations. Donc, la question concernant la Constitution européenne pose en vérité la question d'un éventuel État européen. De ce fait, tous ceux qui appellent de leurs vœux une Constitution européenne, et qui n'entendent pas seulement par là une amélioration du fonctionnement institutionnel, ou la capacité des traités à adopter l'apparence d'une Constitution, mais, au contraire, l'élaboration d'une Constitution au sens propre, doivent être conscients du fait qu'avec une telle avancée il faudra parler d'un État européen. C'est pour cette raison que le débat fondamental au sujet de la Constitution européenne conduit à se demander si un État fédéral européen est souhaitable. Par ailleurs, étant donné que l'élaboration d'une Constitution européenne est exigée au nom de la démocratie, on peut se demander dans quelle mesure une constitutionnalisation de l'Union européenne la rendrait plus démocratique qu'elle ne l'est aujourd'hui.

La réponse dépend de ce que l'on entend par démocratie : s'agit-il de partir d'une conception formelle ou substantielle du concept de démocratie ? Un État fédéral européen pourrait sans aucun doute être organisé sur le modèle étatique des démocraties : avec un Parlement qui, contrairement à l'actuel, serait doté du statut central d'institution disposant de façon légitime du pouvoir budgétaire et de toutes les compétences des Parlements nationaux, un Conseil transformé en seconde Chambre, la Commission devenant un gouvernement européen, et, si possible, un président fédéral européen. Mais il est peu probable qu'avec ces modifications l'Union européenne soit substantiellement plus démocratique. Ce doute provient du fait que le fonctionnement des démocraties n'est pas garanti par les seules institutions étatiques et leurs règles de fonctionnement. En effet, s'il est vrai qu'un fonctionnement démocratique des institutions publiques est une condition nécessaire à l'existence même d'une démocratie, il ne saurait s'agir d'une condition suffisante.

La démocratie requiert en effet beaucoup d'autres conditions en matière de structuration de la société. Le système institutionnel d'un État démocratique repose sur la permanence d'une certaine structure sociale, qui n'est pas seulement garantie par le vote, celui-ci ne permettant qu'un effet limité de rétroaction entre le peuple et ses représentants. Cette structure sociale doit en effet garantir la mise en place d'un système de *feed-back* réel et pas seulement formel. Une condition pour cela est par exemple l'existence de structures intermédiaires entre les citoyens et l'État, qui maintiennent un lien vivace entre eux. Ainsi, par le biais d'une constante circulation des informations sur les opinions et les idées, l'État devient l'État du peuple. Dans les États pluralistes au sein desquels le suffrage universel est en vigueur, cette fonction est avant tout assurée par les partis politiques, dont la présence est rendue aussi nécessaire à la démocratie que le vote lui-même. À ceux-ci s'ajoutent également les syndicats, les mouvements de citoyens, les groupes d'intérêt, etc. Tout ceci manque jusqu'à présent au niveau européen.

Des changements sont pourtant à prévoir à ce sujet dès que l'Union européenne se métamorphosera en un État. Il n'en reste pas moins qu'il demeure une autre condition au bon fonctionnement d'une démocratie, qui semble ici moins susceptible d'émerger : une société qui souhaite se doter d'un État démocratique doit être en mesure de débattre et de s'entendre sur les affaires qui la concernent. Si cette capacité-là fait défaut, il n'est pas possible de compter sur l'apparition d'un processus démocratique substantiel. De telles sociétés existent déjà, de façons plus ou moins développées, dans les États membres de l'Union européenne, mais l'Union elle-même ne dispose pas d'une société qui ait cette capacité. Jusqu'à présent, il n'y a ni médias ni débat public européens, et encore moins d'espace public à l'échelle européenne. Nous sommes plutôt en présence de quinze discours nationaux sur les affaires européennes, qui s'inscrivent tous dans leurs perspectives nationales respectives. En fin de compte, ce débat européen, si tant est qu'il y en ait un, n'a lieu qu'entre experts ou au sein d'un public averti. Et la démocratie ne saurait être une affaire d'élites, mais, au contraire, celle de la société dans son ensemble.

Il ne faut évidemment pas sous-estimer l'effet que pourraient avoir des avancées en matière institutionnelle, qui ne peuvent qu'aider au renforcement des rapports sociaux. Et ceci pourrait également contribuer, dans une certaine mesure, à la métamorphose de l'Union européenne en un État. Cependant, dans un espace qui compte environ 370 millions d'habitants, répartis au sein de quinze États dans lesquels coexistent onze langues, sans que l'une d'entre elles parvienne à émerger comme langue dominante ou comme *lingua franca*, les conditions initiales semblent plutôt défavorables. La Suisse, les États-Unis, l'Inde ou l'Afrique du Sud, pour des raisons très différentes, ne sont pas des exemples susceptibles d'infirmer ce sentiment. Il est beaucoup plus probable qu'après la pleine constitutionnalisation de l'Union européenne, et sa transformation, de ce fait, en un État, celle-ci demeure encore en grande partie un système autosuffisant et doive accorder un délai bien plus important au renforcement de ses fondements sociétaux.

On peut conclure de tout ceci que les décisions fondamentales sur l'avenir de l'Union européenne dans un futur proche devraient être laissées là où un contrôle démocratique et une prise de responsabilités sont possibles, c'est-à-dire au sein des États membres. Cela est à la fois un plaidoyer pour le maintien des traités et contre une Constitution européenne au sens propre. Toutes les réformes nécessaires peuvent être effectuées dans le cadre des traités et aucune ne requiert l'existence préalable d'une Constitution, au sens où nous l'avons défini précédemment. Au contraire, la présence d'une telle Constitution ne permettrait pas de combler le vide démocratique qui subsiste entre les institutions et la société. La légitimation démocratique qu'une Constitution pourrait apporter aux institutions ne serait que fictive, beaucoup plus en tout cas qu'elle ne l'est actuellement dans les États membres. Pour toutes les raisons évoquées précédemment, l'objectif de démocratisation de l'Union européenne n'est pas mauvais en soi, mais l'élaboration d'une Constitution n'est pas le meilleur moyen d'y parvenir.

Dieter GRIMM

Chapitre 4

Vers un État constitutionnel européen

Nombre de journalistes et de chercheurs estiment que les citoyens ne s'intéressent pas assez à l'Europe. La faiblesse du taux de participation aux élections européennes ne serait que l'expression de ce fort désintérêt. Les députés au Parlement européen seraient des représentants du peuple sans peuple. Dans un Bruxelles lointain, bureaucrates et experts régneraient en maîtres. Ces bureaucrates aspireraient à toujours plus de pouvoir pour le pouvoir. Même dans les caricatures, l'Europe apparaît comme une femme peu séduisante sur un taureau non moins repoussant. On le ressent quand on pense à l'ESB. Aucune trace de la magnifique princesse Europe dont Zeus s'éprit sur la plage de Sidon…

L'opinion dominante, parmi les observateurs et les chercheurs, est que les conditions ne sont pas réunies pour une démocratisation de l'Union européenne. D'après Dieter Grimm, une Constitution ne serait en rien garante de démocratie pour l'Union européenne [1]. Il ne serait pas possible de fonder l'Europe politique sur une

---

1. Dieter Grimm, « Ohne Volk keine Verfassung », *Die Zeit*, 18 mars 1999, p. 5 ; voir aussi sa contribution dans ce volume, chap. 3.

base démocratique. Comme il n'existe ni opinion publique européenne ni identité européenne, il serait aussi insensé de renforcer les pouvoirs du Parlement de Strasbourg que d'adopter une Constitution européenne. En juin 2000, au cours d'un débat avec le ministre allemand des Affaires étrangères, Joschka Fischer, l'ancien ministre de l'Intérieur français, Jean-Pierre Chevènement, a affirmé qu'il considérait la citoyenneté européenne comme un leurre. La citoyenneté suppose une opinion publique ; or il n'existe pas d'espace public commun dans lequel on pourrait débattre des questions européennes. Cette controverse est symptomatique : les journalistes français et allemands ont posé un grand nombre de questions et la conversation avec les deux ministres a été retranscrite dans les journaux allemands et français [1]. N'en déplaise à l'ancien ministre de l'Intérieur français, le débat montre bien le développement d'une européanisation de l'opinion publique.

Existe-t-il pour autant une opinion publique européenne ? Je souhaiterais souligner l'utilité d'une distinction entre l'européanisation des opinions publiques nationales et la formation d'une opinion publique étendue au niveau européen. Cette importante distinction conceptuelle ne doit pas nous conduire à perdre de vue les rapports entre ces deux phénomènes. Nombreux sont les signes annonciateurs d'une identité européenne, dans la mesure où les citoyens développent, en plus de leur identité nationale, une identité européenne. Aussi les arguments contre la possibilité d'un État constitutionnel démocratique en Europe perdent-ils de leur acuité.

Il importe désormais aux élites politiques européennes des États membres de marcher vers un État constitutionnel européen conséquent. Car l'Union européenne se

1. La conversation a été publiée dans *Le Monde*, 21 juin 2000.

trouve engagée depuis longtemps sur la voie d'un État constitutionnel. Les débats continuels entre les élites et les citoyens quant aux finalités et à la méthode de l'intégration européenne sont à ce propos d'une signification déterminante. L'Europe, qui a été pendant longtemps un projet d'élites, commence à devenir également le projet des citoyens. Où pouvons-nous observer les signes annonciateurs de l'émergence d'une opinion publique européenne [1] ?

L'émergence d'une opinion publique européenne

Dans une démocratie, l'opinion publique est le fruit d'un grand nombre de participations publiques. L'opinion du Parlement, des partis, des associations et des médias en fait partie. Il n'a encore rien été dit de la qualité des débats publics. Le manque d'attention pour les Parlements, les partis et les associations n'est que trop connu. La question de savoir si la presse, la radio et la télévision remplissent convenablement leurs missions d'information, de critique et de contrôle de la vie politique, appelle une réponse différenciée pour chaque média. Un nouveau média comme l'Internet peut être un forum pour l'opinion publique. De la même façon, les parents qui participent aux réunions de parents d'élèves constituent une partie de l'opinion publique, de même que les syndicats qui s'engagent dans un comité d'entreprise. Les manifestations sont des marques publiques de l'intérêt pour les événements politiques. L'opinion publique se constitue dans des fêtes de quartier et dans les publics du théâtre ou de l'opéra. Les universités sont les lieux de l'opinion

1. Cf. Bruno Cautrès, Dominique Reynié (dir.), *L'opinion publique européenne 2002*, Paris, Presses de Sciences Po, 2002.

publique. Toutes ces interventions contribuent à l'émergence d'une opinion publique dans les États-nations. Pourtant, l'existence de lieux d'expression pour l'opinion publique ne suffit pas à faire émerger une opinion publique au niveau politique.

Le sociologue Friedhelm Neidhardt a analysé, avec ses collègues du *Wissenschaftszentrum* de Berlin, les éléments nécessaires à la création d'une opinion publique au niveau politique : des acteurs, qui choisissent de faire circuler des informations et des opinions, des médias, qui communiquent ces dernières, un public qui s'intéresse aux informations et aux avis communiqués, et un centre politique auquel ces acteurs peuvent s'adresser [1]. Prenons l'exemple des associations de parents d'élèves : si les parents estiment que la formation de leurs enfants accuse un sérieux déficit, alors ils en discuteront lors de la réunion de parents d'élèves. Peut-être même que la presse locale relatera cette discussion. Si la ou le député de la circonscription saisit cette occasion pour provoquer un débat parlementaire sur la politique d'éducation, alors on assistera à la naissance d'une opinion publique dans le domaine politique.

Ainsi une opinion publique européenne a-t-elle besoin d'acteurs, de médias, d'un public et d'un centre politique. De même qu'a émergé une opinion publique nationale, on voit aujourd'hui se dessiner une opinion publique européenne proche des différentes opinions publiques. L'opinion publique culturelle est particulièrement importante pour l'Europe dans la mesure où les œuvres musicales, la peinture et la littérature parviennent à exprimer les points communs et les différences entre les peuples

---

1. Friedhelm Neidhardt, Ruud Koopmans, Barbara Pfetsch, « Konstitutionsbedingungen politischer Öffentlichkeit. Der Fall Europa », dans Hans-Dieter Klingemann, Friedhelm Neidhardt (dir.), « Die Zukunft der Demokratie », *Jahrbuch des WZB*, Berlin, Édition Sigma 2000, p. 264.

d'Europe. C'est dans la communication sur la diversité des cultures qu'émerge une opinion publique de la culture. Déjà par le passé, les artistes de la Renaissance communiquaient par-delà les frontières. En 1999, une exposition sur les liens entre les artistes vénitiens et néerlandais de la Renaissance, au palais Grassi, à Venise, a montré, selon l'historien de l'art Martin Warnke, que « les princes, les commerçants, les diplomates, les hommes et femmes de lettres et les artistes du Nord et du Sud intéressés avaient approuvé et échangé leurs opinions et leurs manières de voir [1] ». Au XXe siècle également, des peintres tels que le Belge René Magritte, l'Allemand Max Ernst, le Français Yves Tanguy, Giorgio de Chirico, né en Grèce de parents italiens, les Espagnols Salvador Dali et Pablo Picasso ont tous touché au surréalisme à la même période et ont tous discuté de leur peinture. L'art ne se souciait plus des frontières. L'écrivain et prix Nobel Günter Grass a été aussi bien accueilli en France ou en Pologne qu'en Allemagne.

Les opinions publiques dans les domaines culturel et politique sont étroitement imbriquées [2]. La démocratie n'est pas seulement dépendante d'espaces pour le débat politique ; elle a également besoin d'espaces pour un débat culturel. L'art indépendant, qui n'est astreint à aucun donneur d'ordre, sait l'importance de l'authenticité, de la tolérance, de la contradiction et de la franchise, ce qui nous renvoie aux valeurs démocratiques. L'ouverture au renouveau et la tolérance à l'égard des autres sont particulièrement importantes pour la réalisation d'une démocratie dans l'Union européenne.

---

1. Martin Warnke, « Begegnung zweier Welten », *Die Zeit*, 23 septembre 1999, p. 45.

2. Voir sur ce point les remarques intéressantes de Peter Häberle, *Gibt es eine Europäische Öffentlichkeit ?*, Berlin, New York, De Gruyter, 2000.

Si l'indifférence des citoyens à l'égard de l'Union européenne se répand aujourd'hui, c'est que les citoyens se sentent éloignés de l'Europe. Un attachement émotionnel pourrait justement émerger de la communication sur et entre les différentes cultures. Chris Patten, membre britannique de la Commission européenne, chargé des relations extérieures, a fait observer l'importance des émotions pour le succès de l'intégration européenne [1]. En Allemagne également, l'impression se renforce que quelque chose ne va pas dans la construction européenne. Cette situation est dangereuse, car si ce sentiment continue à dominer, les citoyens sont susceptibles de remettre en question leur devoir politique vis-à-vis de l'Europe. Les raisons imputables à cet éloignement sont variées. Celle qui apparaît au commissaire comme la plus importante et la plus intéressante est le manque d'attachement émotionnel de la population à l'Union européenne : il est difficile de se sentir attiré par une communauté de type international.

Mais l'attachement émotionnel à l'Europe est aussi tributaire du débat politique au sein des partis, des associations et des médias. Or, au niveau européen, les partis n'en sont qu'à leurs débuts. Certes, d'après l'article 191 du traité, les partis sont considérés comme un facteur important d'intégration « au sein de l'Union », où ils expriment la volonté politique des citoyens européens. Pourtant, en réalité, les partis européens ne semblent pas jouer un rôle de premier plan.

L'alliance des partis sociaux-démocrates, rebaptisée Parti des socialistes européens en 1992, a été établie en 1974, suivie en 1976 par les partis populaires et libéraux européens. Depuis 1993, les Verts forment une fédération

1. La conférence est publiée dans *Frankfurter Rundschau*, 8 décembre 2000, p. 9.

européenne de partis. Les membres de ces partis sont des partis nationaux appartenant à une même famille politique. Cette forme d'affiliation institutionnelle crée une différence importante avec les partis nationaux. Ainsi, le choix des candidats destinés à être élus comme membres du Parlement européen ne relève pas directement des partis européens. Jusqu'à présent, ceux-ci n'ont pas su provoquer une véritable prise de conscience politique. Mais on ne doit pas en conclure que les partis européens ne pourraient pas exercer une plus grande influence à long terme sur la formation de la volonté européenne. Cette dernière dépendra des compétences du Parlement européen et du développement d'une véritable démocratie au niveau européen [1].

Les résultats des votes au Parlement européen montrent que l'appartenance à un parti est plus importante que la nationalité. En revanche, on n'y retrouve pas l'affrontement majorité-opposition qui caractérise les parlements nationaux. Ceci pour une raison simple : une majorité absolue des membres étant généralement requise quand le Parlement européen intervient dans le cadre de la procédure de codécision, le Parlement ne peut influencer une directive ou un règlement que si les groupes parlementaires du Parti populaire européen et du Parti socialiste s'entendent. Le Parlement européen est donc souvent amené à se considérer comme une unité vis-à-vis de la Commission et du Conseil. Cela pourrait être amené à changer avec la démocratisation du système de gouvernement européen.

Les groupes d'intérêt ont toujours joué un rôle dans le développement de la prise de conscience et de la prise de

1. Dimitris T. Tsatsos, Gerold Deinzer (dir.), *Europäische Politischen Parteien, Dokumentation einer Hoffnung*, Baden-Baden, Nomos, 1998.

décision dans l'Union européenne. En premier lieu, on peut citer les représentants des milieux d'affaires, qui ont eu par exemple une influence décisive sur l'organisation du marché intérieur. L'influence de certaines entreprises est plus grande encore : le bureau de Daimler-Benz à Bruxelles emploie plus de collaborateurs que l'association des industries européennes. Depuis les années 1990, les syndicats, les associations pour la protection de l'environnement et des consommateurs ont également joué un rôle grandissant dans le concert du lobbying européen. La confédération européenne des syndicats et plusieurs syndicats nationaux ont organisé à la veille de l'ouverture du sommet de Nice une démonstration pacifique, à laquelle près de 50 000 personnes ont pris part.

À Bruxelles, 52 agences de presse et 428 organes de presse rendent quotidiennement compte de l'actualité européenne. En comparaison, en 1995, on ne dénombrait que 310 organes de presse à Bruxelles pour l'information européenne [1]. Cette hausse a-t-elle conduit les questions européennes à occuper une plus grande place dans les médias ? Pour ce qui est de la presse écrite, une première étude a été réalisée par Ronald Koch dans le cadre d'une recherche sur les titres du *Süddeutsche Zeitung* pendant trois ans. En raison de leur signification politique, il a choisi de sélectionner trois années spécifiques : 1986, année de la signature de l'Acte unique européen et du lancement du processus d'achèvement du marché intérieur ; 1992, année de la signature du traité de Maastricht, et 1999, année qui a été marquée par l'introduction de l'euro. On voit ainsi qu'en 1999, 8,5 % des articles traitent directement de l'Union européenne. Par ailleurs, 4,5 % des articles informent sur l'actualité des autres États membres, ce qui pourrait indiquer l'émergence d'un

1. *The European Public Affairs Directory,* 9 mai 2000.

espace public européen. Si près de la moitié des articles de première page est consacrée à la politique intérieure allemande, le tiers traite de l'international.

Pour ce qui est de l'émergence d'un espace public européen, la question intéressante est de savoir comment la distribution des sujets a évolué au cours des années. Le résultat est sans ambiguïté : les thèmes concernant l'Europe ont beaucoup augmenté. Au cours des treize dernières années, la part des sujets évoqués dans les premières pages du *Süddeutsche Zeitung* a plus que doublé. Cela vaut aussi bien pour les gros titres que pour les articles divers ou des nouvelles de moindre importance. Cette augmentation ne connaît qu'une seule exception significative : la part des titres de première page relative aux sujets européens semble insignifiante en 1992, elle est cependant plus élevée qu'en 1999. Si l'on regarde plus précisément, on constate que le nombre d'articles concernant l'Europe a fait un bond significatif au cours des mois de juin et de septembre 1992. Il s'agissait en effet de la période où les citoyens danois, irlandais et français ont été consultés par référendum sur le traité de Maastricht. En revanche, la signature du traité, en février 1992, a à peine suscité l'intérêt des journaux. Le message est clair : quand les citoyens sont concernés par la politique européenne, on assiste à l'émergence d'une opinion publique européenne [1].

On voit ainsi que l'opinion publique européenne ne tombe pas du ciel. L'argument selon lequel l'existence d'une opinion publique européenne devrait être d'abord prouvée avant que l'on puisse penser à former une Union européenne plus démocratique est le fait d'une vision politique statique. Mais c'est exactement l'inverse qui est

1. Ronald Koch, *Ein Europa der Europäer – Utopie, Vision oder Wirklichkeit ?*, thèse à l'Université de Hambourg, 2000.

vrai : si l'Europe était transparente et démocratique, elle serait beaucoup plus forte et recevrait une attention plus grande dans les médias et dans les débats publics. On ne parvient à informer et à débattre des avantages et inconvénients des décisions et de la façon dont elles sont prises que lorsque la clarté se fait sur les personnes qui ont la charge de telle ou telle décision. La critique et le contrôle de la politique par l'opinion publique ne sont possibles que si l'on réussit à attribuer une responsabilité aux personnes, aux partis et aux organisations. On a pu en faire l'expérience lors de la démission de la Commission Santer en mars 1999. L'opinion publique a été informée sur les commissaires, leurs domaines de compétences et les cas de mauvaise administration. Au Parlement européen, la majorité n'a pas été obtenue pour un vote de censure vis-à-vis de la Commission. Mais les voix en faveur d'une démission furent suffisamment fortes pour inciter la Commission à se retirer. Quand le comité des experts indépendants a conclu à une mauvaise administration, la Commission a pris acte de sa responsabilité politique et a démissionné. Pendant les auditions des membres désignés de la nouvelle Commission de Romano Prodi au Parlement européen, l'Europe a été un sujet très abordé dans les médias. On pouvait d'ailleurs lire sur Internet les comptes rendus des travaux parlementaires, voire écouter les auditions en direct.

Si on ne veut pas que l'opinion publique européenne soit réservée aux élites politico-économiques, il faut établir l'anglais comme *lingua franca*. D'ores et déjà, l'anglais est la langue étrangère la plus importante dans tous les États de l'Union, à l'exception du Luxembourg. D'après un récent sondage Eurobaromètre, près d'un citoyen européen sur deux parle assez bien anglais pour se faire comprendre. L'anglais est la langue maternelle de 16 % des citoyens de l'Union, tandis que 31 % le parlent comme langue étrangère. Même si l'on tient compte du fait qu'un grand nombre de sondés ont plutôt tendance à surestimer leur connaissance d'une langue étrangère, la proportion de citoyens connaissant la langue anglaise est élevée. À long terme, la connaissance de l'anglais devrait encore progresser. Les données relatives à l'Allemagne, à l'Italie, à la France et au Royaume-Uni, à partir de 1969, font état d'une amélioration continue de la connaissance de l'anglais dans ces pays. En Allemagne, le pourcentage des citoyens qui, au cours des trente dernières années, maîtrisent l'anglais comme langue étrangère a été multiplié par deux, en France par trois et en Italie par plus de cinq. Et naturellement, les jeunes générations parlent plus fréquemment anglais que les personnes plus âgées. Si 54 % des 15-24 ans des États membres de l'Union maîtrisent l'anglais comme langue étrangère, ils ne sont que 15 % à la maîtriser chez les plus de 55 ans. Il est donc vraisemblable que l'anglais puisse devenir la *lingua franca* de l'Union européenne, c'est-à-dire une langue avec laquelle tous les citoyens pourront communiquer. D'ailleurs, dans les écoles des pays d'Europe centrale et orientale, on apprend avant tout l'anglais. Si l'on regarde la moyenne des onze PECO, on constate que 62 % des élèves apprennent l'anglais, 19 % le russe et 16 % le français. À long terme, la langue ne devrait pas constituer un obstacle insurmontable pour l'émergence d'une opinion publique européenne.

Le développement d'une identité européenne

L'existence d'une identité collective européenne constitue la deuxième condition d'une démocratisation de l'Union européenne. Ce n'est qu'en fondant un « sentiment du nous » que les citoyens s'estimeront prêts à accepter des décisions émanant de la majorité, qui se sent elle-même investie d'une responsabilité collective. On n'éprouve un devoir de solidarité que lorsqu'un « sentiment du nous » existe. Le politologue Fritz W. Scharpf estime qu'une « identité collective fait défaut à l'Europe [1] ».

Tout d'abord, nous devons nous affranchir de la peur qu'une identité européenne supprime les identités nationales. L'avènement d'un État constitutionnel européen n'impose aucunement aux citoyens de renoncer à leur identité nationale. Ils sont citoyens de leurs États membres avant d'être citoyens de l'Union ; ils gagnent par conséquent une identité supplémentaire. Cela reflète l'opinion de la moitié des citoyens de l'Union européenne depuis de nombreuses années. Les enquêtes Eurobaromètre montrent que 57 % des sondés en 1992 (52 % en 1999) se sentent à la fois « national et européen », « européen et national » ou simplement européen. Plus de la moitié des citoyens des États membres de l'UE s'identifie donc à un espace commun, et non plus exclusivement à un État-nation. Évidemment, de fortes différences subsistent entre les États. C'est au Luxembourg et en Italie que l'identité européenne est la plus prononcée. Les pays à la traîne dans ce domaine sont la Suède et le Royaume-Uni. Pour la Suède, cela est imputable au fait que le pays n'est membre de l'Union que depuis 1995. Le scepticisme anglais par rapport à l'intégration européenne n'est pas le seul fait de l'élite politique, mais de l'ensemble de la population. En revanche, 59 % des citoyens français estiment être dotés d'une identité européenne. Cela est d'autant plus remarquable que l'on dit

1. Fritz W. Scharpf, « Demokratieprobleme in der europäischen Mehrebenenpolitik », dans Wolfgang Merkel, Andreas Busch (dir.), *Demokratie in Ost und West, Festschrift für Klaus von Beyme*, Frankfurt, Suhrkamp 1999, p. 672.

toujours des Français qu'ils tiennent à leur identité nationale comme à la prunelle de leurs yeux. Dans un sondage réalisé en mai 1999, 52 % des Français se sont exprimés en faveur de l'élection d'un président européen et, en juillet 2000, plus des deux tiers des Français (68 %) se déclaraient favorables à une Constitution européenne. En Allemagne, ils ne sont que 49 % à considérer qu'ils possèdent une identité européenne, en plus de leur identité nationale [1].

Toute identité collective, qu'elle soit nationale ou européenne, repose également sur des attitudes individuelles. La politologue Gesine Schwan insiste sur le fait que le sentiment de valeur personnelle renforce la confiance en soi et la confiance en les autres. La tolérance et la sincérité vis-à-vis des personnes d'autres cultures pourraient permettre à ces derniers de se rassurer psychologiquement. Le problème de la population allemande dans sa quête d'une identité nationale et européenne s'explique par le fait qu'en raison des crimes perpétrés par les nazis, les Allemands vivent avec des identités brisées [2].

L'identité européenne est qualitativement distincte d'une identité nationale. Si elle est moins émotionnelle, elle n'en est pas pour autant dépourvue d'émotions. Quoique les références à une histoire et à une culture communes soient moins nombreuses qu'au niveau national, elles ne sont pas dépourvues d'intérêt. Joseph Weiler estime que cette identité européenne supplémentaire pourrait comporter des effets civilisateurs pour les États-nations dans la mesure où la combinaison d'identités multiples invite les citoyens à penser les intérêts

1. Eurobaromètres, 37, 1992 à 52, 1999.

2. Gesine Schwan, « Alle Jahre wieder. Leitkultur wird als letzter Halt missbraucht », *Frankfurter Allgemeine Zeitung*, 16 décembre 2000, p. 47.

nationaux en s'ouvrant à l'extérieur [1]. L'ouverture des citoyens à la diversité des cultures en Europe pourrait avoir comme conséquence une plus grande ouverture d'esprit à la diversité des histoires et des cultures nationales. À l'inverse, on pourrait montrer que l'étroitesse d'esprit national contribue à ériger des barrières dans la communication entre les peuples sur leurs différences politiques et culturelles. Les aspects authentiques des identités nationales seraient par là même directement renforcés. Ainsi, s'il est clair que les identités nationale et européenne reposent sur des bases différentes, on n'en assiste pas moins à l'émergence d'une identité européenne. L'exemple des comités d'entreprise européens en constitue une illustration intéressante. L'Allemagne connaît un système d'association des employés à la gestion des entreprises. D'après un rapport d'experts de la Commission, cette cogestion encouragerait la coopération entre employeurs et employés, permettant ainsi une cogestion décentralisée et riche en informations. Mais à quoi cela sert-il d'avoir la meilleure des cogestions, si les décisions au sein de l'entreprise allemande ne peuvent être prises sans avoir pris connaissance de la situation des filiales dans les autres pays européens ? L'européanisation des entreprises, et par conséquent des problèmes de ces entreprises, exige une cogestion supplémentaire au niveau européen.

Des comités d'entreprise européens ont été introduits en 1994. Ils ont pour mission de diffuser des informations et la concertation avec des employés dans les entreprises européennes. Ces comités d'entreprise ont été mis en place au sein des entreprises et des groupes employant au moins 1 000 travailleurs, dont au moins 150 travailleurs

1. J.H. Weiler, *The Constitution of Europe*, Cambridge, Cambridge University Press, 1999, p. 346.

dans deux pays membres de l'Union européenne. À ce titre, 350 entreprises en Allemagne et 200 en France ont été appelées à créer un comité d'entreprise européen. La direction de l'entreprise est tenue de renseigner les comités d'entreprise européens au moins une fois par an sur l'évolution de l'entreprise. L'analyse du travail des comités d'entreprise européens a mis en lumière plusieurs aspects intéressants.

La société Schmalbach-Lubeca AG, par exemple, qui fabrique des emballages, des boîtes et des serrures, employait près de 12 300 salariés au moment de l'enquête (1996). Au sein du comité d'entreprise européen, vingt-deux employés représentent les personnels des entreprises européennes. Indépendamment de son nombre de salariés, chaque pays ayant une filiale obtient deux sièges. De cette façon, l'Allemagne envoie au comité d'entreprise cinq employés, les Pays-Bas trois, la Belgique, la France, l'Italie, l'Espagne et le Royaume-Uni deux. En outre, les entreprises situées en Pologne et en Hongrie, qui ne sont pas encore membres de l'Union européenne, envoient chacune deux salariés au comité d'entreprise européen.

La direction de l'entreprise a informé le comité sur des sujets aussi variés que les programmes de production et d'investissement, les questions salariales, les conditions de travail ou les prestations sociales. Le comité d'entreprise a traité de l'amélioration des conditions de travail au sein de l'entreprise dans toute l'Europe : il a formulé des recommandations relatives aux prestations sociales dans les pays à bas niveau. À l'occasion d'un projet de restructuration, le comité d'entreprise européen a formé un groupe de travail avec des employés des entreprises concernées pour les négociations avec la direction de l'entreprise. Un accord a pu être trouvé pour réduire les effets dommageables d'un transfert de production d'un site à l'autre [1].

Grâce à ces comités d'entreprise, on assiste à l'émergence d'une forme de participation de l'opinion publique européenne dans les entreprises. On voit se former une compréhension collective du comité, qui assure la représentation d'intérêts à l'échelle européenne. Le style politique national et les intérêts nationaux se sont rétractés au profit d'une capacité d'action commune européenne. Ainsi, les représentants allemands des salariés de Schmalbach-Lubeca ont renoncé aux sièges qui leur revenaient en vertu du principe de proportionnalité, n'obtenant qu'un tiers des sièges alors qu'ils constituent la moitié des salariés. Ces employés se sont révélés beaucoup plus européens que certains chefs d'État ou de gouvernement, qui à Nice n'ont eu de cesse d'insister sur la proportionnalité démographique et la pondération des voix.

Les contacts réguliers entre les membres du comité d'entreprise ont favorisé l'apparition d'un sentiment d'appartenance à une entreprise *européenne*. La communication entre ce type de comités et les syndicats nationaux a contribué au renforcement de syndicats transnationaux. De ce fait, les travailleurs ont franchi les délimitations nationales et ont entamé un dialogue européen. Les comités d'entreprise européens n'ont certes pas rendu possible une cogestion suffisante des employés au niveau européen. Mais, sans ces comités d'entreprise européens, les salariés auraient été moins bien informés de l'évolution de leur entreprise et de son développement

1. Wolfgang Lecher et al., *Die Konstituierung Europäischer Betriebsräte. Vom Informationsforum zum Akteur ? Eine vergleichende Studie von acht Konzernen in Deutschland, Frankreich, Großbritannien und Italien*, Baden-Baden, Nomos, 1998.

dans d'autres pays européens. Le droit à une information et à l'écoute des travailleurs a été admis dans la Charte des droits fondamentaux de l'Union européenne. L'article 27 de cette Charte, qui a été proclamée en décembre 2000 à Nice, précise : « Les travailleurs ou leurs représentants doivent se voir garantir, aux niveaux appropriés, une information et une consultation en temps utile, dans les cas et conditions prévus par le droit communautaire et les législations et pratiques nationales. » Par conséquent, les droits européens et nationaux se complètent de la même façon que les identités nationales et européennes.

On aperçoit donc des signes annonciateurs de l'émergence d'une opinion publique et d'une identité européennes. L'opinion publique européenne naît des prises de position publique des partis politiques, des associations, des mouvements sociaux, des organisations non gouvernementales et des entreprises. Les élites, qui travaillent dans un contexte européen, communiquent leurs informations et leurs opinions aux journaux nationaux, aux radios et à la télévision, qui consacrent une attention grandissante à l'intégration européenne. Cette européanisation des publics nationaux peut être considérée comme la première pierre d'une opinion publique européenne transnationale. D'une part, le destinataire des débats publics sur l'Europe est le public européen, c'est-à-dire l'ensemble des citoyens de tous les États membres de l'Union européenne. D'autre part, l'opinion publique des élites et des citoyens doit se rapporter à un centre politique. Car l'opinion publique n'est pas une fin en soi ; elle a pour objectif d'exercer une influence sur les événements politiques ; elle doit être écoutée et prise en considération. À la veille de la Révolution française déjà, qui marque la naissance du concept d'opinion publique en Allemagne et en France, le ministre français des Finances fit remarquer l'influence indirecte mais puissante de l'opinion publique : « La plupart des étrangers ont du mal à se faire une juste représentation de l'autorité exercée en France par l'opinion publique. Ils comprennent difficilement qu'un pouvoir invisible puisse exister, sans fonds, sans gardes du corps, imposant sans armée des règles qui sont suivies jusque dans le palais du roi ; et pourtant, il n'existe rien qui ne soit plus vrai [1]. »

La revendication de la vérité conduisit à une phase idéologique de l'opinion publique, qui traça la voie à la Terreur et à la dictature au cours de la Révolution française. Mais l'idée de l'opinion publique qui prévaut aujourd'hui n'est pas tant une revendication de la vérité que l'affirmation d'une relation entre la critique exercée par l'opinion publique et la rationalisation de l'exercice du pouvoir politique. L'opinion publique ne peut contribuer à critiquer et, par là même, à améliorer la façon dont l'Europe est dirigée que si elle acquiert de l'influence. Or où se trouve le centre de l'Europe politique qu'elle pourrait aspirer à influencer ?

Un ordre démocratique d'ensemble comme condition à l'action de l'opinion publique européenne

Ici commencent les problèmes. L'Europe politique ne dispose pas d'un centre visible et reconnaissable auquel l'opinion publique européenne pourrait s'adresser. La politique européenne se décide à différents niveaux au sein desquels on trouve un grand nombre de commissions, de comités et de réseaux. Par conséquent, la responsabilité démocratique n'est ni lisible, ni claire. Il

1. Cité par Reinhart Koselleck, *Kritik und Krise. Eine Studie zur Pathogenese der bürgerlichen Welt*, Frankfurt, Suhrkamp, 1973, p. 187, note 87.

manque un ordre démocratique d'ensemble. L'opinion publique ne peut remplir son rôle dans une démocratie que lorsqu'elle est informée de l'action des pouvoirs publics, qu'elle peut la critiquer et la contrôler. Naturellement, les membres du Conseil des ministres ont une légitimité indirecte, et les experts contribuent, par leur autorité professionnelle, à la légitimité des solutions qui sont arrêtées. Mais, sans un véritable Parlement démocratique, ces modes de légitimation sont insuffisants.

Rien ne peut remplacer la souveraineté des peuples comme source et référence de la légitimité des gouvernements en Europe. La faible participation aux dernières élections au Parlement européen témoigne de l'intelligence des électeurs. Comme ce Parlement n'est doté que de pouvoirs limités en matière de codécision, il n'y a aucune raison d'attribuer une grande importance à cette élection. La situation aurait été différente si les députés européens pouvaient être vraiment conçus comme les représentants des peuples des États membres de l'Union européenne. La parlementarisation est indispensable pour favoriser une opinion publique européenne, tout comme une opinion publique achevée est nécessaire pour asseoir le caractère démocratique du Parlement européen. Quels pourraient être les contours de cet ordre démocratique d'ensemble ?

Tant que l'Union européenne servira et encouragera les intérêts nationaux, l'intégration ne pourra pas avancer. La conférence intergouvernementale de Nice, en décembre 2000, l'a, une fois de plus, clairement montré. On n'a relevé aucune trace d'engagement parmi les citoyens européens. Les égoïsmes nationaux ont été au centre des négociations entre chefs d'État et de gouvernement. Suite aux décisions arrêtées à Nice, les votes au Conseil des ministres seront encore plus compliqués et impénétrables qu'ils ne l'ont jamais été. Pour obtenir une majorité qualifiée, il faut même franchir trois obstacles : d'abord, une majorité de 73,5 % des voix ; ensuite, une majorité d'États, c'est-à-dire 14 États pour 27 États membres ; enfin, une majorité doit représenter au moins 62 % de la population de l'Union. Cette arithmétique est le résultat d'un jeu de poker et de puissance entre la France et l'Allemagne. Cette dernière, malgré une population qui dépasse de 22 millions d'habitants celle de la France, disposera du même nombre de voix au Conseil des ministres. En contrepartie, l'Allemagne a la possibilité de bloquer en coalition avec deux grands pays une décision au Conseil des ministres. Les chefs de gouvernement ont beau dire que tout le monde a été gagnant à Nice, l'Union européenne a bel et bien perdu.

Lors de la présentation des résultats de la négociation devant le Parlement européen, le 12 décembre 2000, Jacques Chirac a expliqué les raisons pour lesquelles de plus grandes avancées n'avaient pas été possibles. Un chef de gouvernement, parmi tant d'autres, a ajouté que la population de son pays n'approuverait pas la continuation du processus d'élargissement. En définitive, c'est donc aux citoyens que l'on fait porter la responsabilité du caractère infructueux des journées et des nuits de travail à Nice.

En réalité, en France, c'est exactement l'inverse. Alors que les élites se montrent peu entreprenantes en matière européenne, l'opinion publique est le moteur de l'intégration. La journaliste française Jacqueline Hénard a montré combien l'opinion publique française a réagi de façon positive au plaidoyer de Joschka Fischer pour une fédération d'États-nations européenne. « Toute la France a répondu de façon enthousiaste. Les lettres de lecteurs dans les journaux, les étudiants d'universités parisiennes, le dentiste ou les voisins de table à dîner, bref : la [...] société civile s'est sentie soulagée. Enfin une perspective ! Dans les colonnes du *Monde*, du *Figaro* et de *Libération*, seuls quelques hommes politiques se sont exprimés sur le sujet en termes approbateurs, n'ayant pour le moment que peu ou rien à dire [1]. »

Mais, dans tous les États membres, l'Europe n'a pas le vent en poupe chez les citoyens. À l'automne 1999, plus de la moitié des citoyens des États membres, 51 % exactement, estimaient que l'appartenance de leur pays à l'Union européenne était une bonne chose. En 1991, pourtant, les chiffres étaient tout autres : 72 % des citoyens de l'Union pensaient que la qualité de membre de l'Union européenne était positive pour leur pays. Ensuite vint la régression, et le point le plus bas fut atteint en 1997 avec un taux d'approbation de seulement 46 %. Depuis, la moyenne européenne de l'adhésion des citoyens à la construction communautaire remonte lentement [2]. Mais qui pourrait en vouloir aux citoyens d'avoir perdu leur engouement pour l'Europe ? Les citoyens, et plus particulièrement les jeunes générations, ne s'enthousiasment que lorsqu'ils sont en mesure de voir où ils vont. Et naturellement, le but de ce voyage doit être de nature à susciter l'enthousiasme. Les démocrates ne s'engagent que pour une Union européenne démocratique.

La controverse sur les objectifs de l'intégration européenne

Depuis le discours du ministre allemand des Affaires étrangères, Joschka Fischer, à l'université Humboldt de Berlin en mai 2000, un débat sur les finalités possibles de l'Union européenne s'est engagé. D'un côté, le modèle

1. Jacqueline Hénard, *Die Zeit*, 14 décembre 2000, p. 3.
2. Eurobaromètre, 52, 1999.

d'une Europe fédérale ; de l'autre, celui d'une alliance européenne d'États-nations souverains. Le modèle d'une Europe fédérale a été esquissé par Joschka Fischer.

« L'élargissement rendra indispensable une réforme fondamentale des institutions européennes. Comment s'imaginer en effet un Conseil européen avec trente chefs d'État et de gouvernement ? Trente présidences ? Combien de temps les réunions du Conseil dureront-elles dans ce cas ? [...]

Autant de questions auxquelles toutefois il existe une réponse toute simple : le passage de la confédération de l'Union à l'entière parlementarisation dans une fédération européenne que demandait déjà Robert Schuman il y a cinquante ans. Et cela veut dire rien de moins qu'un Parlement européen et un gouvernement, européen lui aussi, qui exercent effectivement le pouvoir législatif et le pouvoir exécutif au sein de la fédération. Cette fédération devra se fonder sur un traité constitutionnel.

Il est clair que l'on reprochera immédiatement à cette solution simple d'être impraticable ; l'Europe n'est pas un continent nouveau, mais un continent rempli de peuples, de cultures, de langues et d'histoires différents ; les États-nations sont des réalités indispensables, et plus la mondialisation et l'européanisation créent des superstructures éloignées du citoyen et des acteurs anonymes, plus les êtres humains s'accrocheront à la sécurité et à l'abri moral que leur apporteront les États-nations [1]. »

Joschka Fischer a lancé le débat tant attendu sur les finalités de l'intégration européenne. Ses réflexions peuvent constituer le point de départ d'une réflexion sur les contours d'une Europe fédérale. À certains égards, ses propositions, si elles devaient être adoptées, marqueraient un recul dans la démocratisation de l'Europe, notamment dans la mesure où le Parlement actuel, qui est directement élu, serait remplacé par une Chambre composée de délé-

1. Joschka Fischer, « Vom Staatenbund zur Föderation. Gedanken über die Finalität der europäischen Integration », discours prononcé le 12 mai 2000 à l'Université Humboldt de Berlin. Voir annexe, p. 220-224.

gués des Parlements nationaux. Le modèle de Fischer est donc à revoir et à changer. Mais tout d'abord, je souhaiterais décrire ce contre-modèle d'une Europe fédérale.

Le concept de fédération n'est pas seulement un mot qui suscite l'irritation des Britanniques. En France également, cette idée de fédération européenne choque et ne reçoit pas l'approbation des élites dirigeantes. Pour les partisans d'une Europe des nations, la démocratie et la solidarité sont mieux réalisées au sein d'un État national. Le Premier ministre français, Lionel Jospin, a récemment rappelé que pour lui la nation restait le lieu où se fixait le cœur de la démocratie, et le lieu le plus adapté à l'expression de la solidarité [1]. Les États-nations apparaissent comme le seul cadre adapté à une démocratie. Les partisans de ce modèle estiment que les chances sont minces de voir se développer une opinion publique et une identité européennes. Une répartition des pouvoirs entre une fédération européenne et les États-nations apparaît ainsi comme un souhait, qui pourrait ne jamais être transposé dans la réalité. En France comme au Royaume-Uni, le scepticisme à l'égard d'une fédération européenne est grand ; on craint un super-État européen. L'Europe devrait être une superpuissance, estime le Premier ministre anglais dans son discours prononcé devant la Bourse polonaise en octobre dernier [2], mais en aucun cas un super-État. Tony Blair plaide pour une seconde chambre au sein du Parlement européen, au sein de laquelle les députés des Parlements nationaux seraient représentés. Il incomberait à ces derniers de veiller à la répartition des compétences et d'être les gardiens du principe de subsidiarité.

1. Discours du 28 mai 2001. Voir annexe, p. 267-283.
2. Discours du 6 octobre 2000. Voir annexe, p. 253-265.

Lorsqu'on lit les textes des hommes politiques qui rejettent le modèle fédéral, on voit transparaître entre les lignes la peur de la perte des différences et des identités nationales. À ce sujet, on ne le dit pas assez : le partage de la souveraineté dans une Europe fédérale et la coopération ont pour objectif le renforcement de la capacité d'action des États nationaux. Les cultures nationales ne doivent pas disparaître. La diversité des cultures en Europe est un gain pour tous, parce que nous pouvons tous apprendre les uns des autres et que cette diversité nous permet de mieux comprendre notre propre culture. Si la finalité est la consolidation de la multiplicité des cultures et du rôle des nations dans l'intégration européenne, les peuples doivent obtenir un plus grand droit de parole pour la réalisation de l'Union européenne. La conférence de Nice a clairement montré que l'Europe ne peut pas seulement être construite et élaborée par les chefs de gouvernement, mais qu'elle doit également émerger du bas, avec le concours des citoyens.

Le projet d'un État constitutionnel européen

Le seul succès réel à Nice a été la proclamation de la Charte des droits fondamentaux. Mais d'où provenait cette Charte ? Elle a été élaborée par une assemblée, la « Convention », au sein de laquelle le Parlement européen et les Parlements nationaux ont joué un rôle décisif. La légitimation de cette assemblée était multiple. Elle comprenait 15 délégués des chefs d'État et de gouvernement – dont l'ancien président de la République allemande, Roman Herzog, qui avait souvent prouvé par le passé qu'il s'intéressait aux problèmes des citoyens ; 16 membres du Parlement européen et 30 membres des Parlements nationaux, ainsi qu'un membre de la Commission. La Convention était ainsi constituée pour les trois quarts de représentants directement élus par les peuples des États membres. L'assemblée a organisé des auditions publiques auxquelles 67 représentants de groupes divers furent invités. Les documents de l'assemblée ont été publiés sur Internet ; 300 pétitions ont été prises en considération. On a ainsi assisté au développement d'une participation publique [1]. Les Parlements des États membres, le Parlement européen, le Conseil et la Commission ont examiné et approuvé le projet, qui a été proclamé à Nice comme la Charte des droits fondamentaux.

Ce précédent montre bien qu'il est possible de renforcer la participation des citoyens et de leurs représentants à la formation de l'Europe. Quelles devraient être les prochaines étapes pour réaliser une Europe fédérale ? La conférence intergouvernementale prévue en 2004 pour la réforme des institutions devrait être préparée par une assemblée organisée sur le modèle de la Convention. Le partage des compétences entre les niveaux local, régional, national et européen fait partie des décisions les plus lourdes de conséquences pour l'avenir de l'Europe. C'est la raison pour laquelle les représentants des peuples devraient avoir voix au chapitre. Le partage de compétences ne peut pas être à sens unique. Il doit être possible à tout moment de transférer des compétences du niveau européen au niveau national. En ce qui concerne l'évaluation permanente, la révision et la supervision de la répartition des compétences, on pourrait régulièrement réunir des collèges de politiciens, d'experts et de profanes.

La question des compétences recoupe le projet d'une intégration flexible. Reprenant une idée de Jacques Delors, Joschka Fischer et Jacques Chirac ont proposé de constituer un noyau dur européen, une avant-garde de quelques États, qui décideraient d'aller de l'avant et

1. Voir sur ce point l'analyse de Florence Deloche-Gaudez au chapitre 7.

d'accélérer l'intégration dans un certain nombre de domaines. Mais il serait regrettable de séparer l'Europe en deux catégories de pays. Il convient, par conséquent, de réfléchir à des alternatives. Peut-être pourrait-on trouver d'autres voies vers une intégration souple et différenciée. Les chercheurs de l'Institut Max-Planck à Bonn, institut spécialisé dans l'exploration des biens publics, ont proposé des modèles de coopération régionale destinés à résoudre des problèmes frontaliers. Ainsi les États alpins pourraient-ils coopérer afin de résoudre des inconvénients liés au tourisme, ou les riverains du Rhin pour améliorer la qualité de l'eau du fleuve. L'Union européenne trouve sa source dans des problèmes qui ne pouvaient être résolus que par la coopération au-delà des frontières. Aussi semble-t-il naturel d'organiser l'intégration flexible en fonction des problèmes à résoudre [1].

Plus la flexibilité et la différenciation sont rendues possibles dans l'Union européenne, plus il sera difficile de fondre les différents éléments dans un ordre d'ensemble. L'Europe actuelle est un système de gouvernement dans lequel une multiplicité d'acteurs, avec un grand nombre de réseaux, intervient à différents niveaux. L'Europe future devrait être un système de gouvernement dont les peuples des différents États membres constitueraient le centre, la source de la légitimité de l'action politique. L'Europe présente est caractérisée par son opacité. La transparence devrait être le principe de l'Europe future. On vide la souveraineté nationale à travers la nécessaire européanisation de domaines politiques importants, comme par exemple la politique environnementale. C'est pourquoi la souveraineté des peuples dans les Parlements nationaux devrait

1. Katharina Holzinger, Christopher Knill, « Eine Verfassung für die Europäische Föderation », *Frankfurter Allgemeine Zeitung*, 29 novembre 2000, p. 11.

être rattachée à une souveraineté supplémentaire des peuples européens au Parlement européen.

Par conséquent, des réformes sont indispensables pour renforcer la démocratie au niveau européen. Les élites politiques et les citoyens des États membres peuvent plus facilement s'entendre sur un ordre démocratique d'ensemble lors de l'élaboration d'une Constitution. Les citoyens devraient élire une assemblée constituante. On pourrait aussi imaginer une assemblée calquée sur le modèle de la Convention qui a élaboré la Charte des droits fondamentaux. Le projet élaboré par l'assemblée serait ensuite discuté au niveau national, dans les assemblées parlementaires, les partis, les associations, les médias ou sur les lieux de travail. Ensuite, les Parlements nationaux, le Parlement européen, le Conseil se prononceraient avant que le projet de Constitution ne soit approuvé par la voie d'un référendum. Ce processus représenterait une contribution importante au renforcement d'une opinion publique et d'une identité européenne. Joseph Weiler a souligné qu'il est souvent arrivé dans l'histoire que l'on réforme une Constitution avant que l'identité collective d'un peuple ne s'affirme tard dans la réalité sociale. Cependant, on serait parti pour chaque élaboration d'une Constitution des prémisses d'un peuple. En revanche, on ne trouve pas l'ombre d'un peuple commun au niveau de l'Union européenne. L'article premier du traité d'Amsterdam posant les destinées communes stipule toujours que « le présent traité marque une nouvelle étape dans le processus créant une union sans cesse plus étroite entre les peuples d'Europe [1] ». Mais où est-il écrit que des peuples

1. J.H. Weiler, « Epilogue. Fischer : The Dark Side », dans Christian Jœrges, Yves Mény et Joseph Weiler (dir.), *« What Kind of Constitution for what Kind of Policy ? Responses to Joschka Fischer »*, Florence, Institut universitaire européen, 2000, p. 239, ainsi que sa contribution dans cet ouvrage (chap. 5).

distincts ne peuvent pas former une plus grande communauté, se donner une Constitution et construire un système de gouvernement fédéral ?

À quoi pourrait ressembler un État européen fondé sur une Constitution ? Le modèle que nous voudrions proposer est simple. Nous envisageons un système parlementaire avec deux chambres. La première chambre, directement élue, correspond à l'actuel Parlement européen. On pourrait introduire un système électoral uniforme, une représentation plus uniforme des peuples nationaux au Parlement européen, ainsi que le droit des députés de déposer des projets de loi et de voter des lois avec le Conseil. Naturellement, ce Parlement déciderait du budget. Le Conseil entrerait en ligne de compte en tant que seconde chambre. L'élément fédéral y serait institutionnalisé avec des représentants des gouvernements des États membres et une pondération des voix. En règle générale, les décisions y seraient prises à la majorité qualifiée. La prise de décision au sein du pouvoir législatif devrait s'accompagner d'une répartition claire des compétences. Le partage des tâches ne sera pas définitif ; il est vraisemblable que le caractère raisonnable de cette répartition sera remis en cause. La Commission serait aménagée en gouvernement européen. En outre, son président et ses membres pourraient, pour une période de transition, être désignés par le Conseil. À Nice, il a déjà été décidé qu'à l'avenir le président de la Commission ne serait plus désigné à l'unanimité mais à la majorité qualifiée. Mais, à long terme, le Parlement aspire à choisir le président de la Commission, ce qui conduirait à rendre le gouvernement européen responsable devant le Parlement.

Le président de la Commission serait le chef du gouvernement européen. Peut-être faudrait-il aussi prévoir une fonction de président européen pour exercer des fonctions représentatives supplémentaires. Ce dernier pourrait être élu par le Parlement européen ou directement par les peuples des États membres. Les partis européens devraient alors s'entendre sur un candidat commun, ce qui permettrait d'accélérer l'européanisation des partis.

Le modèle évoqué ici se distingue des propositions de Joschka Fischer par deux aspects : la faible influence des gouvernements nationaux et le rôle accru du Parlement européen. Il n'est pas sûr qu'actuellement la majorité des élites politiques et des citoyens des États membres soient disposés à adhérer à ce modèle. Quelles conséquences pratiques aura alors un débat portant sur l'architecture future de l'Union européenne ? Renaud Dehousse a souligné le danger de l'idéalisation du fonctionnement des systèmes de gouvernement nationaux, qui engendre souvent une critique excessive du caractère complexe du système de gouvernance européen. En réalité, les systèmes nationaux de gouvernance seraient eux aussi plus complexes que ne le suggérerait l'idée d'un « paradis perdu d'une gouvernance simple [1] ». Mais on ne doit pas nécessairement idéaliser les systèmes nationaux de gouvernance, pour aboutir à la conclusion que le système fragmenté de l'UE présente une trop grande opacité et pâtit de l'absence de finalités claires. Il est indéniable qu'à l'heure de la globalisation la gouvernance est nécessairement complexe. Le cirque ambulant de la Conférence intergouvernementale est le théâtre de marchandages sans fin autour des intérêts nationaux. Le projet d'un État constitutionnel européen pourrait nous aider à préciser la direction et la destination du voyage.

1. Renaud Dehousse, « Rediscovering Functionalism », dans Christian Jœrges et al., *op. cit.*, p. 199.

Un projet Jean Monnet pour l'aide à la reconstruction dans les PECO

L'élaboration d'une Constitution européenne est étroitement liée au débat sur les finalités propres de l'intégration. En fin de compte, l'Europe ne se compose pas seulement de procédures, d'organes, de majorités, de pondération des voix et de comités, bien que l'on ait souvent l'impression qu'il n'est question au niveau européen que de procédures et de mathématiques. Le vote d'une Constitution signifierait pour la fédération européenne que les peuples pourraient se référer à un nouveau lien spirituel au sein d'une communauté plus vaste. Quel est le sens de l'intégration européenne ?

La garantie de la paix est la finalité première de l'Europe. Cet objectif a été atteint. Désormais, les guerres sont devenues impensables entre les États membres. Il s'agit d'un succès non négligeable. Aujourd'hui, un grand marché intérieur renforce la communication au sein de l'Europe. Mais cette dernière ne constitue pas seulement un marché. Il existe depuis longtemps une politique sociale et une politique environnementale européennes. Souhaitons-nous développer en la renforçant l'Europe sociale et écologique, ou mettre d'abord notre confiance dans le marché ? La discussion sur les finalités propres de l'Europe vient à peine de commencer. Le président du Club de Rome en Pologne, Antoni Kuklinski, a proposé de lancer un débat sur l'avenir de l'Europe [1]. Dans ce contexte, nous souhaiterons ici concentrer nos propos sur deux des objectifs que s'est assignés l'Europe : la nécessité de garantir la paix et la recherche d'une Europe sociale.

---

1. Antoni Kuklinski, « The Future of Europe – Dilemmas, Scenarios, Solutions, a Programme of the Club of Rome », Vienne, 11 novembre 2000.

L'élargissement à l'Est a pour objectif de garantir la paix et la prospérité dans l'Europe tout entière. En cela, il constitue un enjeu prometteur. Mais l'objectif de l'élargissement s'estompe lentement dans tous les rapports relatant les problèmes politiques et économiques dans les pays adhérents. Derrière les statistiques, on ne distingue plus les finalités. En principe, les États membres de l'Union européenne sont favorables à l'élargissement. Mais, dans la réalité, ils n'en voient que les problèmes. De nombreux Européens des pays de l'Europe centrale et orientale (PECO) se montrent de plus en plus sceptiques. Le président tchèque, Václav Havel, a mis en garde contre de nouveaux retards dans le processus d'élargissement. Si les Européens de l'Est ont le sentiment que l'Ouest les laisse en plan, ils se tourneront alors vers des nationalistes intolérants, qui sont d'ailleurs déjà assez nombreux.

Aussi souhaiterons-nous proposer la mise en place d'un projet Jean Monnet destiné aux PECO et consistant en une aide généreuse pour l'organisation économique. En lançant le plan Marshall au lendemain de la seconde guerre mondiale, les États-Unis ont aidé les Européens et plus particulièrement les Allemands à se remettre sur pied économiquement. Pourquoi alors n'est-il pas concevable qu'aujourd'hui les États membres de l'Union européenne facilitent la mise en place de structures plus démocratiques et stables dans les PECO en leur venant en aide ? L'ancien ministre américain des Affaires étrangères, George Marshall, avait déclaré en 1947, au cours d'une conférence à l'université Harvard, que l'aide économique à la reconstruction en Europe ne devait pas arriver par petites tranches. Il s'agit d'un remède, non d'un moyen d'adoucir les symptômes. Cela vaut aujourd'hui également pour l'élargissement à l'Est. Dans le budget de l'Europe, les moyens importants prévus pour soutenir les candidats à l'adhésion représentent à peine 10 % du budget total pour la période 2000-2006. L'aide destinée aux Balkans constitue à elle seule 839 millions d'euros pour l'année 2001. Cela n'est pas assez. Il convient, en plus des budgets réguliers, de mettre à disposition des moyens financiers dans un plan économique spécial prévu à cet effet.

Jean Monnet avait associé les objectifs clairs liés à la reconstruction à une action pragmatique. Il fut, en 1976, le premier citoyen d'honneur de l'Union européenne. Dans ses Mémoires, on peut lire quelles étaient ses pensées quand, grâce à l'initiative française, la Communauté européenne du charbon et de l'acier a été fondée : « Il faut changer le cours des événements. Pour cela, il faut changer l'esprit des hommes. Des paroles n'y suffisent pas. Seule une action immédiate portant sur un point essentiel peut changer l'état statique actuel [1]. » Jean Monnet estimait que la résolution d'un problème dépendait le plus souvent d'un changement du climat psychologique. Cela vaut également pour l'élargissement à l'Est et pour l'Union européenne dans son ensemble. L'Ouest, estime Václav Havel, nourrirait une peur inconsciente devant l'originalité de ces pays post-communistes. Pourtant, il serait fou d'accepter que la paix et la prospérité ne soient garanties que dans une partie du continent.

Au début de ce chapitre, nous avons souligné que l'identité européenne qui émerge ne supprimerait en aucune façon les identités nationales. Les deux se complètent et se distinguent à différents degrés. L'identité européenne est moins émotionnelle, mais elle n'est pas dépourvue d'émotions. Nous pouvons observer un comportement de plus en plus distant, à notre sens, voire trop distant, des citoyens par rapport à l'Europe. C'est compréhensible. On ne peut pas raisonnablement s'enthou-

1. Jean Monnet, *Mémoires*, Paris, Fayard, 1976, p. 344.

siasmer pour une Europe des égoïsmes nationaux, des recomptages de voix et des marchandages. Nous avons besoin d'un objectif d'intégration qui paraisse évident aux citoyens. À ce point de vue, la Constitution européenne est importante : elle doit donner davantage d'indications que les traités de l'Union européenne, qui sont trop complexes pour être compris.

Par ailleurs, l'Europe doit s'aligner sur un objectif, qui puisse être ressenti avec passion par les citoyens. Max Weber a parlé à ce propos du don de soi passionnel à un objet. Une Constitution européenne dotée de droits fondamentaux et un partage clair des compétences ne motiveraient pas cette passion pour un objet. Le concept de patriotisme constitutionnel reste trop superficiel. La référence des citoyens des États membres à une Constitution commune est le fondement d'une identité européenne et du développement de celle-ci. Mais la Constitution, à elle seule, ne constitue pas un objectif de l'intégration, en raison de l'insuffisance de son contenu.

L'élargissement à l'Est pourrait constituer un objectif à contenu élevé, si l'on fait abstraction des problèmes économiques, car il est porteur d'enrichissements politiques et culturels. N'avons-nous pas à apprendre des citoyens des PECO ? Ils ont osé faire une révolution pacifique et l'ont gagnée. Ils nous ont montré que la passion pour la démocratie avait un sens. S'agissant de l'identité nationale, nous avons une foule de choses à apprendre d'eux.

Au moment de conclure, rappelons-nous une fois encore du point de départ de notre réflexion. Il s'agit de l'opinion publique cultivée, fer de lance du débat sur la diversité culturelle en Europe, qui constitue aussi la base d'un État constitutionnel européen. À ce propos, citons à nouveau l'écrivain Günter Grass qui, à l'occasion de l'exposition universelle de Séville, a évoqué en 1992 son

« Rêve européen », qu'il qualifie plus volontiers de « petit rêve européen » :

« Quelques-uns d'entre vous éprouvent sûrement l'envie de reprendre des livres qui ont été pendant des décennies d'émouvantes et d'excitantes lectures de jeunesse. Ceci m'est récemment arrivé avec un livre de l'écrivain espagnol Miguel de Unamuno, qui est à la fois basque et européen. Dans son histoire intitulée "Brume", aussi piquante qu'émouvante, Unamuno joue toujours avec le genre littéraire de la nouvelle et offre aux critiques le terme "Nivola" : lorsqu'il enfreint les lois classiques de la nouvelle, il se retrouve dans les terres immaculées du "Nivola". [...]

L'Europe actuelle, de congrès en congrès, de sommet économique en sommet économique, devient de plus en plus une chimère. Aucune force politique formatrice ne s'en dégage. Dès que les pays de l'Europe centrale et orientale veulent garantir leur jeune liberté à peine gagnée par des investissements efficaces à long terme, l'Europe occidentale, pitoyable, reste muette ; tout au plus est-on prêt à réaliser rapidement une opération commerciale et – de façon amicale et condescendante – à louer la Pologne pour sa patience et à féliciter les Tchèques et les Slovaques pour la fermeté et la persévérance de leurs présidents.

Pourtant je souhaite maintenant risquer mon rêve, bien conscient que par cette mise à nu l'inventeur du Nivola, mon ami moqueur Unamuno, me regarde par-dessus l'épaule, – d'autant plus qu'elle intervient en Espagne. Et déjà le diminutif s'impose et me conseille tout au plus de parler d'un "petit rêve"... Mon petit rêve commence par l'organisation d'une structure semblable à celle dont ont été exclus ces pays au tout début, maintenant que le poids de leur faute a été effacé. Plus encore : cette absolution doit être une partie intégrante du Préambule d'une Constitution de l'Europe tout entière. [...]

Dans mon petit rêve, on garantit que le Parlement européen n'est plus une pelouse de jeu. Il a, conformément aux règles, le droit d'exercer son contrôle. Ses décisions représentent plus des paroles en l'air, mais ont désormais force exécutoire. [...] Dans ce monde-là, la culture n'est pas le seul fruit des congrès, elle fleurit toute l'année. Ce n'est que maintenant que nous nous rendons compte que notre diversité représente une richesse et combien il serait stupide de ne rechercher que l'unité économique. [...]

Là le film se déchire et se casse. Le rêve est terminé. Dans ces réalités entremêlées, l'Europe est encore ou à nouveau la somme de ses insuffisances. Une guerre civile latente et ouverte déchire la Yougoslavie. Tombées en ruines, les parties indépendantes de l'ancien colosse qu'était l'Union soviétique s'arment tout naturellement. La guerre en Irlande du Nord et les attentats des terroristes basques font partie du quotidien européen. Les Allemands, bien qu'unis sur le papier, sont restés socialement divisés et étrangers l'un à l'autre. Et ce déclassement se poursuit jusqu'à l'intérieur de la Pologne et des Républiques tchèque et slovaque. A un nord italien riche s'oppose un sud pauvre et dépendant... et les exemples n'en finissent plus : mon rêve européen, qui ne se voulait être qu'un petit rêve, a éclaté.

Mon discours doit-il pour autant s'achever ? À tout moment, les faux-fuyants sont possibles à l'écrivain, que ce soit dans une nouvelle, dans la "Nivola" ou dans le roman, le monde fictif, qui pourtant réclame la réalité. Je parle d'une forme particulière du récit, parce que le genre de la narration a jeté les racines de l'Europe tout entière [...].

Si l'on parvenait à tendre l'arc entre l'origine arabe et mauresque des chevaliers espagnols et ces oisifs aigles des étendues russes, entre Don Quichotte et Oblomov, alors, au lieu des nations européennes, les amants de la littérature européenne pourraient se montrer plus au fait de la réalité européenne que le monde politique : c'est la raison pour laquelle les arrangements culturels de notre continent sont étendus et ouverts au monde [1]. »

Christine LANDFRIED

1. Günter Grass, *Werkausgabe*, vol. 16, Göttingen, Steidl, 1997, p. 347 et suiv.

Chapitre 5

Europe fédérale ou fédération d'États-nations * ?

Nommer les choses permet de se persuader que l'on peut s'en rendre maître : comment, dès lors, ne pas comprendre le besoin de définir aujourd'hui la forme que prendra l'Europe de demain, une fois les élargissements annoncés accomplis ? Mais attribuer une dénomination ou une qualification à la prochaine étape de la construction européenne, c'est aussi lui conférer un sens, c'est-à-dire à la fois lui imprimer une direction et lui accorder une signification. C'est enfin indiquer à l'opinion

* Une version antérieure de ce texte a été publiée sous le titre « Vers quelle Europe ? Europe fédérale, Confédération européenne, Fédération d'États-nations », dans « L'Europe en perspective », *Cahiers français*, 298, Paris, La Documentation française, 2000. L'expression « fédération des États-nations » est due à Jacques Delors : on reviendra sur le sens que l'on peut lui attribuer. Sur le dilemme confédération/fédération pour la construction européenne, voir D. Elazar, « The new Europe : a Federal State or a Confederation of States ? », dans J.-M. Ferry, M. Hunyadi (eds), « L'idée d'un État européen », *Revue suisse de science politique*, numéro thématique, 1998, p. 119. Voir déjà les réflexions de J. Baechler, *Europe et fédération. La pensée politique*, 1, 1993, Paris, EHSS, Gallimard-Seuil, p. 246 et suiv. Le profond travail d'élucidation du concept de fédération, dû à O. Beaud (« Fédéralisme et souveraineté. Notes pour une théorie constitutionnelle de la fédération », *Revue du droit public*, janvier 1998, p. 83), doit être d'emblée signalé, il porte un regard renouvelé sur une problématique ancienne et difficile.

publique quelles structures juridico-politiques devraient recevoir son assentiment au terme d'un débat public.

Pendant longtemps, un tel débat a pu sembler inutile ou oiseux [1] : à quoi bon s'opposer sur les termes de « fédération » ou de « confédération », en une sorte de combat théologique et stérile ? Le pragmatisme n'imposait-il pas d'avancer pas à pas dans la voie de l'intégration, d'en consolider les acquis, d'en développer les domaines et les mécanismes, d'en accroître l'efficacité plutôt que de perdre son temps et ses forces à s'interroger sur la vision d'ensemble d'une construction européenne longtemps indéterminée dans sa configuration globale ? Robert Schuman lui-même n'avait-il pas averti, dès le discours du Salon de l'Horloge, que « l'Europe ne se fera pas d'un coup ni dans une construction d'ensemble », ouvrant ainsi la voie à ce qu'on appellera l'« intégration fonctionnelle », tout en gardant en ligne de mire, à un horizon indéterminé, la fédération européenne ?

La discussion actuelle sur les formes de l'Europe montre bien à la fois l'apport et les limites de l'intégration fonctionnelle. L'apport, car le développement de solidarités concrètes entre les États membres avait précisément pour objet de faire mûrir et de rendre inéluctable un choix d'ensemble quant à l'identité de l'Europe. Les limites aussi, car la réussite même d'une intégration

1. Encore qu'un rapide survol de l'histoire de la construction européenne rappellerait la permanence du débat fédération/confédération, bien que sous d'autres apparences : citons quelques grandes occasions comme le congrès de La Haye (1948), les débats sur la notion de « supranationalité » lors de la mise en œuvre de la CECA (1951-1952), les discussions sur le projet de la CED et sur le projet de communauté politique (1954), les débats provoqués par le plan Fouchet (1962), la crise de la « chaise vide » (1965-1966). À chacune de ces étapes où se présente une interrogation sur le devenir de la Communauté, les catégories de fédération et confédération ne sont-elles pas présentes, au moins indirectement ?

conçue comme un processus technique, animé avec succès par les technobureaucraties nationales, a contribué à différer la question de fond : celle des formes de la cité politique européenne.

C'est, en effet, le dernier avatar du fonctionnalisme, la création de l'Union économique et monétaire par le traité de Maastricht (1992), accompagnée par la création des piliers de coopération (PESC et JAI) [1] qui a commencé à mettre en avant la question : « vers quelle Europe ? ». Celle-ci résulte à la fois des non-dits et des acquis qui s'entremêlent dans le traité sur l'Union européenne : création d'une Union européenne (composite puisqu'elle rassemble, encore aujourd'hui, les piliers de coopération : PESC et JAI, et le pilier communautaire), mais refus de lui accorder une personnalité juridique, et refus d'en inscrire la vocation fédérale, citoyenneté de l'Union européenne, inscription du principe de subsidiarité, Union économique et monétaire, ces trois éléments figurant dans le traité instituant la Communauté européenne, qui remplace la Communauté économique européenne (CEE).

À partir du traité de Maastricht, ce débat se focalise, du moins en France, mais aussi à des degrés divers dans les autres États membres, sur l'opposition entre les « souverainistes » et les « fédéralistes ». Ces deux positions passent à travers les formations politiques, durcissant les lignes de clivage qui parcourent l'opinion publique française, déjà mises au jour lors de l'interprétation des résultats du référendum sur le traité de Maastricht. Plus profondément, cette ligne de partage idéologique n'est-elle pas l'avatar contemporain de celle qui, au moment de la Révolution, dresse les jacobins contre les

1. Respectivement politique étrangère et de sécurité communes, justice et affaires intérieures.

girondins et parcourt, depuis, la tradition politique française [1] ?

Plus près de nous, c'est la perspective de l'élargissement de l'Union européenne aux États d'Europe centrale et orientale, aux Républiques baltes, à la Turquie, à Chypre et Malte qui explique le regain d'intérêt porté à la définition de la future Europe. Fondée sur d'indiscutables raisons politiques (ne pas perpétuer la division du continent européen, qui a pesé pendant près d'un demi-siècle sur la liberté de millions d'Européens), cet élargissement dépasse et de loin [2] tous ceux qui se sont produits dans le passé et qui ont déjà plus que doublé le

1. Curieux destin que celui de la fédération et du fédéralisme en France : consulter les entrées « Fédéralisme » et « Fédération », rédigées par M. Ozouf dans F. Furet et M. Ozouf, *Dictionnaire critique de la Révolution française (Événements)*, Paris, Flammarion, coll. « Champs », 1992, p. 158 et 177. On en extrait cette citation (p. 175) : « La Révellière-Lepeaux raconte que sous le Directoire hommes de gauche et hommes de droite s'entendaient comme larrons en foire pour anathémiser le système fédératif. Ce rejet commun a même été capable de faire surgir un "jacobinisme de droite", configuration politique tout à fait incongrue à l'époque de la Révolution française. » On lira aussi avec fruit l'article d'O. Beaud, « Fédéralisme et fédération en France. Histoire d'un concept impossible », *Annales de la Faculté de droit de Strasbourg*, nouvelle série n° 3, Strasbourg, Presses universitaires de Strasbourg. 1999, p. 7 et suiv. On regrettera que cet intéressant article, parfaitement documenté, s'arrête au seuil du XXe siècle et passe de ce fait sous silence les courants de pensée des années 1930 (ceux que J.-L. Loubet Del-Bayle a nommé *Les non-conformistes des années 1930*, Paris, Seuil, 1969) parmi lesquels on signalera ceux qui se sont exprimés dans la revue *Ordre Nouveau*, de 1933 à 1938, dont les 45 numéros, représentant quelque 2 000 pages, ont été réédités en 1997 par les soins de la Fondation Émile-Chanoux en cinq volumes avec une éclairante préface de Marc Heim.

2. En quantité (selon les anticipations, l'Union européenne pourrait passer de quinze à vingt-sept ou trente États), comme en qualité (des économies très diversement et inégalement développées, un passé politique commun, qui, pendant les cinquante dernières années, a cultivé une certaine conception – « populaire » – de la démocratie, assez éloignée de la conception occidentale et « bourgeoise »...).

nombre des États membres d'origine. Il provoque naturellement une réflexion sur la réforme des institutions et les procédures décisionnelles, que les négociations ayant conduit au traité d'Amsterdam n'ont pas permis d'inscrire dans les traités. C'est aussi à cette occasion que le thème de la Constitution européenne a surgi dans les milieux politiques après être longtemps resté confiné dans les cercles académiques. C'est à cette occasion, enfin, à peine la nouvelle conférence intergouvernementale était-elle ouverte, que le ministre allemand des Affaires étrangères, dans un discours prononcé le 12 mai 2000 devant l'université Humboldt de Berlin [1], relançait, cette fois-ci très explicitement, le débat en proposant à ses partenaires, comme objectif, la création d'une Fédération européenne. Celle-ci est considérée comme la seule solution raisonnable à la difficile question de la compatibilité entre l'élargissement et l'approfondissement de l'Union européenne. Le débat est ainsi officiellement lancé, suite à cette nouvelle initiative allemande [2].

Pour permettre d'en comprendre les termes et afin d'en saisir la portée, il faut d'abord se demander si l'opposi-

---

1. On n'a pas manqué de souligner que les célèbres *Leçons sur la nation allemande* avaient été prononcées par Fichte, en 1807-1808, devant l'université de Berlin. Faudra-t-il attribuer aux propos de J. Fischer, prononcés à la Humboldt Universität de Berlin et intitulés : « *De la confédération à la fédération – réflexion sur la finalité de l'intégration européenne* », la même portée ? (on en trouvera le texte original dans la revue *Integration*, mars 2000, p. 149 et suiv., avec des analyses de P.-C. Müller-Graff, *Europäiscbe Föderation als Revolutionkonzept im Europäischen Verfassungsraum ?, op. cit.,* p. 157, et de H. Schneider : *Alternativen der Verfassungsfinalität : Föderation, Konföderation – oder wan sonst ? ibid.,* p. 17 I).

2. On se souvient que MM. Schäuble et Lamers (CDU) avaient déjà lancé le débat sur le « noyau dur », qui a finalement abouti, dans le traité d'Amsterdam, aux dispositions rigides sur les « coopérations renforcées ».

tion classique entre fédération et confédération est encore pertinente pour évaluer et décrire le futur de l'Union européenne. Ces deux notions symétriques, issues du contexte particulier de l'indépendance américaine, reprises par la doctrine allemande du XIXe siècle, discutées et systématisées depuis par quantité de juristes et de politistes, sont-elles encore aptes à dessiner l'architecture juridico-politique de l'Europe de demain ?

Celle-ci ne doit-elle pas, surtout, au lieu de s'exposer aux risques (voire au piège) du dilemme « fédération/confédération », tenter de le dépasser, à la fois pour tenir compte de tout l'acquis institutionnel communautaire et pour tenter de construire une forme inédite de pouvoir politique non étatique ou post-étatique en tirant parti des structures existantes qui, certainement, mêlent déjà des aspects de fédération et des éléments de confédération ?

La pertinence des notions de « fédération/confédération » face à l'Union européenne

La vertu explicative de ces deux notions est grande : elles constituent de véritables idéaux types au sens de Max Weber, qui aident à synthétiser et à catégoriser bon nombre d'expériences concrètes en les réduisant à des types abstraits et contrastés.

L'opposition entre ces deux notions a été systématisée de longue date, d'abord dans la doctrine du droit public allemand de la fin du XIXe siècle et du début de XXe siècle, pour laquelle le *Staatenbund* s'oppose trait pour trait au *Bundesstaat*. Il faut d'abord rappeler ces catégories tranchées avant de se demander si l'une ou l'autre serait apte à rendre compte, correctement, de l'Union et des Communautés européennes, et de leur devenir.

L'opposition contrastée entre fédération et confédération

La fédération, phase supérieure de la confédération

Les deux notions sont d'autant plus différentes qu'il existe entre elles comme une sorte de relation généalogique, marquant un seuil qualitatif : lorsque des États souverains et voisins [1] se rapprochent et décident de coopérer, leur association se limite, dans un premier temps, à gérer en commun un certain nombre de domaines touchant aux compétences externes : la diplomatie, les relations extérieures, la politique étrangère, forment ainsi les matières privilégiées qui justifient que se créent les confédérations d'États. Le lien confédéral (fondé sur un traité international) demeure lâche, les institutions confédérales restent embryonnaires : elles se limitent, dans la plupart des cas, à une simple réunion diplomatique de représentants des États confédérés : la « Diète confédérale » décidant à l'unanimité. La confédération apparaît ainsi comme une structure élémentaire et instable, dont l'évolution peut se prédire de manière contrastée :

– soit les forces centrifuges prennent le dessus et la confédération se dissout, n'ayant pas réussi à rassembler de manière durable les intérêts divergents des États qui la composent : ceux-ci mettront alors fin à leur coopération ;

1. La condition de voisinage ou de proximité est évidemment une condition essentielle de la réussite de l'établissement et de la durée du lien confédéral ou fédéral : là où elle a fait défaut, comme par exemple dans l'éphémère fédération entre la Syrie et l'Égypte, les expectatives, de stabilité et de continuité ont été démenties.

– soit la pression vers davantage d'unité l'emporte et la confédération cédera la place à une fédération : la fédération ne sera alors pas autre chose qu'une confédération qui a réussi, selon la formule que l'on prête à Georges Pompidou. Dans cette conception généalogique, la fédération serait l'avenir (heureux) de la confédération, son accomplissement. On le voit, cette conception véhicule un jugement de valeur qui, hiérarchisant ces deux formes politiques, place la fédération au-dessus de la confédération.

Les principales différences entre la fédération et la confédération

En systématisant et en simplifiant une réflexion doctrinale très abondante et plus nuancée, qui synthétise la variété des expériences fédérales, on peut estimer que ces deux modes d'organisation politique que sont la fédération et la confédération se distinguent quant à leurs fondements juridiques, quant à leurs structures institutionnelles et enfin quant aux attributions qui leur sont reconnues.

□ *Les fondements juridiques*. Il est souvent indiqué que la confédération repose sur un traité international alors que la fédération se fonde sur une Constitution. Cette opposition quant à l'instrument juridique qui crée les deux ordres met au jour la nature inter-étatique et diplomatique de la confédération et la nature étatique et proprement politique de la fédération. La première regroupe des États souverains, qui conserveront leurs territoires et leurs nationalités propres, tandis que la seconde associe États et peuples dans un lien constitutionnel qui établit un territoire commun et une nationalité unique. Au fond, la confédération ne donne naissance ni à un *demos*, ni à une *polis*, tandis que la fédération manifeste cette double ambition.

Comme tout traité fondé sur la commune volonté des parties contractantes, le pacte confédéral peut être révisé, mais seulement à l'unanimité (des signatures et des ratifications nationales). La Constitution fédérale est également fondée, au moment de son adoption, sur la volonté unanime de toutes ses composantes : en droit, on ne peut obliger aucun État à entrer dans une fédération. Mais la modification du pacte fédéral obéit à des procédures de révision majoritaires, qui impliquent à la fois le peuple et les États membres : ceci montre la volonté propre de la collectivité fédérée, qui ne se confond pas avec la somme des volontés des collectivités composantes.

Une troisième conséquence découle de cette différence de statut : il est souvent rappelé que tout État peut, sans conditions particulières, se retirer d'une confédération alors que le lien fédératif est indissoluble et ne comporte pas de droit à la sécession.

□ *Les structures institutionnelles*. Autant la confédération ne dispose que de structures rudimentaires, de caractère diplomatique, qui consistent essentiellement en une réunion périodique de représentants des gouvernements des États associés, autant la fédération comporte un agencement institutionnel complexe : aux institutions des États fédérés se superpose en effet une structure étatique complète, celle de l'État fédéral [1] (ou central), qui comprend des institutions permanentes en charge des pouvoirs législatif, exécutif et judiciaire, conformément à la Constitution fédérale.

1. L'expression « État fédéral » est ambiguë, car elle peut désigner aussi bien le tout que l'une de ses parties.

□ *Les compétences.* On doit distinguer entre les techniques qui président à l'aménagement des compétences et le contenu de celles-ci.

Il semblerait qu'au vu de l'expérience il y ait une relative similitude entre confédération et fédération quant aux techniques de répartition des compétences. Les deux ordres considèrent, en effet, que la compétence de principe (la compétence de droit commun) appartient aux entités composantes, la compétence de l'entité composée, confédération ou fédération, n'étant qu'une compétence d'attribution. Ce qui, de ce point de vue, pourrait différencier les deux ordres, c'est l'existence, dans les fédérations, de compétences exclusives réservées au niveau central et de compétences concurrentes, dans lesquelles les entités fédérées peuvent intervenir tant que l'État central n'a pas légiféré, le droit fédéral primant le droit contraire des États fédérés. Un autre élément de ressemblance serait le principe de subsidiarité qui, commun à la confédération et à la fédération, signifie : « [...] aux associés tous les pouvoirs qu'ils peuvent exercer eux-mêmes, à l'association exclusivement ceux qui dépassent les forces individuelles de ses membres et dont l'exercice exige le concours de tous [1]. »

S'agissant des domaines de compétence, les confédérations se limitent à ce qui a trait aux relations extérieures des États membres. Au contraire, les objectifs des fédérations sont plus ambitieux : non seulement ils comprennent les relations extérieures (y compris dans les aspects de sécurité et de défense), qui cessent d'appartenir à chaque associé, mais se portent également vers les secteurs de la monnaie, de l'économie,

1. M. Mouskhely, *Structures fédérales*, Paris, Presses d'Europe, 1964, p. 20.

des transports, de la politique sociale, etc., c'est-à-dire vers des secteurs qui relèvent normalement des affaires intérieures des États. La différence se traduit aussi dans le budget. Alimenté par des contributions volontaires des États confédérés, le budget confédéral demeure modeste par rapport au volume total des recettes et dépenses des États membres. Dans le cas de la fédération, le budget central est alimenté par des recettes propres et représente, dans les faits, un pourcentage de l'ordre d'environ 30 % du total des recettes et dépenses publiques.

La localisation de la souveraineté, principale différence entre confédération et fédération

La différence majeure entre confédération et fédération, on s'en est aperçu, réside dans la localisation de la souveraineté. Dans la doctrine classique des formes d'État, c'est là le critère essentiel qui différencie les deux ordres. Dans la confédération, la souveraineté demeure au niveau de chaque État confédéré : cela explique et justifie le droit de nullification qui permet à chaque État de décider, en dernier ressort, de l'application ou non sur son territoire d'une décision commune pourtant adoptée par les instances de la confédération. Un tel droit n'existe pas dans la fédération, puisque ici la souveraineté se situe au centre et non dans la périphérie. La localisation de la souveraineté est ainsi le critère essentiel qui permet d'opposer les deux formes d'organisation publique que sont la confédération et la fédération. D'un côté, il n'y a pas création d'un nouvel État, mais simple juxtaposition et association d'États souverains alors que, de l'autre, c'est bien le cas : comme deux souverainetés ne peuvent coexister sur le même espace, force est de reconnaître que les entités constitutives d'une fédération [1] ont perdu leur souveraineté [2], même si elles ont conservé leur Constitution, leur appareil institutionnel et leur droit propre.

Situation de l'Union et des Communautés européennes face aux notions de confédération et de fédération

On prétend souvent que les Communautés européennes se situeraient « quelque part » entre la confédération d'États et la fédération : elles se trouveraient donc dans une position intermédiaire et évolutive entre les deux formes examinées. Se situant au-delà d'une confédération, elles n'auraient cependant pas (encore ?) atteint le stade – ultime ? – de la fédération. Qu'en est-il ? Pour tenter de répondre à cette question, il n'est pas inutile de multiplier les points de vue auxquels on peut se placer pour évaluer ce que sont les Communautés et l'Union européenne face à la confédération et à la fédération.

Les intentions des pères fondateurs

Pour autant que l'on puisse les restituer, et si l'on en croit la Déclaration Schuman [3], un dessein politique clair se trouve à l'arrière-plan de la proposition, d'allure technique, de créer un marché commun du

1. Peut-on encore parler, à leur égard, d'États au sens entier du terme ? Doit-on les désigner simplement comme des états, marquant par la renonciation à la majuscule, cette perte de souveraineté au profit des institutions fédérales ? Les termes employés par certaines Constitutions fédérales (« cantons » suisses, *Länder* allemands, *comunidades autónomas* en Espagne) accréditeraient cette présentation.

2. À preuve le fait que, sauf exception, le *jus tractatiis* ou le *jus legationis* soit refusé aux États membres d'une fédération par la Constitution fédérale. Le développement de la coopération internationale entre autorités locales est néanmoins l'un des traits majeurs de l'évolution récente des collectivités locales et des États fédérés.

3. Dont on sait qu'il a fallu pas moins de neuf rédactions pour aboutir à la version que nous connaissons…

charbon et de l'acier : il s'agissait de jeter les bases d'une fédération européenne, seule capable de maintenir la paix. La fédération pouvait donc légitimement apparaître comme l'horizon ultime de l'intégration fonctionnelle, dont les institutions de la Communauté européenne du charbon et de l'acier (CECA) constitueront, au surplus, l'esquisse.

Le cadre institutionnel et le processus de décision

Sans doute, de la CECA à la CEE, les institutions communautaires ont-elles profondément évolué, comme elles l'ont fait aussi depuis le traité de Rome à travers ses révisions successives. L'important est cependant de constater la permanence d'une matrice institutionnelle, qui, dans sa logique initiale, préfigure incontestablement les institutions fédérales mais dont l'évolution et la pratique conduisent à un résultat moins clairement tranché.

Ainsi, chacune des institutions de la Communauté européenne peut être considérée comme la préfiguration d'une institution fédérale. La Commission représenterait et annoncerait l'exécutif collégial (Suisse), en charge de l'intérêt commun, qui dispose de la compétence d'initiative et de celle de l'exécution. Le Conseil serait la Chambre des États, l'équivalent du Sénat américain ou du *Bundesrat*, partageant le pouvoir législatif avec le Parlement européen, la Chambre représentant les peuples des États européens. Enfin, la Cour de justice ne serait pas autre chose qu'une esquisse de Cour suprême, ou de Cour constitutionnelle, institution présente dans la plupart des États fédéraux. On le voit, cette vision des traités constitutifs les considère à la lumière de leurs développements potentiels : il s'agit d'une lecture finalisée ou « instrumentalisée », qui appelle nuances et réserves. On peut objecter que si cette présentation obéit peut-être au *wish-*

ful thinking, elle ne résiste pas à l'analyse. Elle méconnaît en effet le piège (commode par ailleurs) du *statomorphisme*, qui entend décrire l'agencement institutionnel communautaire par référence aux catégories du droit public interne, appliquant ainsi une grille de lecture pas nécessairement pertinente à un phénomène qui semble échapper de toutes parts à ce réductionnisme. En effet, l'évolution des Communautés européennes montre assez clairement le caractère inédit de leur configuration institutionnelle actuelle qui justifie que l'on croise les modèles d'analyse propres aux relations internationales, spécialement en ce qui concerne le fonctionnement du Conseil (multipolarité, alliances, stratégies, consensus, etc.) – et les modèles dérivés du droit constitutionnel interne (bicaméralisme entre Conseil et Parlement, vote à la majorité, Commission en tant qu'ébauche de pouvoir exécutif, etc.).

Considérées du point de vue institutionnel et décisionnel, les Communautés européennes relèvent ainsi simultanément des deux catégories : fédération et confédération constituent bien, ensemble et de manière complémentaire, les deux modèles explicatifs susceptibles d'en rendre compte, chacun pour partie.

Le droit et les rapports entre ordre juridique communautaire et ordres juridiques nationaux

□ *Le contenu du droit de l'Union*. Il convient de distinguer entre le pilier communautaire et les deux autres piliers de coopération. L'adjonction de la PESC au pilier communautaire a fait dire que l'on se trouvait en présence d'un « fédéralisme à l'envers », ayant commencé, à la différence des expériences fédérales, par la mise en commun de compétences internes et allant maintenant, depuis le traité de Maastricht, vers le domaine de la politique extérieure : autre singularité !

Le droit communautaire originaire (les traités constitutifs et leurs révisions, les protocoles) et le droit dérivé (les actes juridiques arrêtés par les institutions) forment aujourd'hui un ensemble normatif abondant en raison du développement même de l'intégration, c'est-à-dire de la construction d'un marché intérieur et de la mise en place des politiques communes, demain de l'édification d'une Union économique et monétaire. On peut estimer que le domaine recouvert par le droit communautaire est aujourd'hui largement comparable, si ce n'est plus étendu, que celui de la législation fédérale dans les fédérations : peu de secteurs de la législation nationale demeurent hors de l'influence du droit communautaire. En tout cas, selon ce paramètre, les Communautés européennes ont basculé depuis longtemps déjà du côté de la fédération. S'agissant des piliers de coopération (PESC et JAI), on se trouve dans une configuration normative qui évoque clairement la confédération : le mode d'adoption des règles est, en principe, l'unanimité au sein du Conseil, qui devient de fait une conférence diplomatique, les autres institutions communautaires étant peu présentes dans le processus décisionnel.

□ *Les rapports entre systèmes.* Les relations juridiques qui se sont déployées entre le droit communautaire et les droits nationaux sont marquées par une évolution semblable à celle que beaucoup de fédérations ont connue, et spécialement les États-Unis d'Amérique. Certes, à l'origine, les traités communautaires ne contiennent pas de règle permettant de régler un conflit entre une norme communautaire et une norme nationale contraire : on est loin de l'État fédéral et de la fameuse règle *Bundesrecht bricht Landesrecht.* Cependant, la Cour de justice a reçu, de ces mêmes traités, une compétence exclusive pour interpréter le droit communautaire : de ce fait, la Cour a considéré qu'il lui appartenait de se prononcer sur l'autorité du droit communautaire face au droit national contraire. Les notions de primauté et d'effet direct qu'elle va dégager vont constituer l'équivalent d'une règle de conflit, sans pour autant que la Cour, à la différence d'une juridiction fédérale, ait les moyens d'en garantir l'effectivité [1]. L'exigence de primauté, qui vaut pour toutes les règles communautaires vis-à-vis de toutes les règles nationales (même la Constitution !), se heurtera aux réticences des juridictions nationales. Mais la reconnaissance de l'effet direct de certaines règles communautaires donnera la possibilité aux justiciables de s'en prévaloir devant leurs juges nationaux et d'obtenir que soit écartée l'application, à leur égard, du droit national contraire. L'imbrication des ordres juridiques est ainsi assurée d'une manière qui évoque bien davantage la fédération que la confédération.

□ *Citoyenneté de l'Union et nationalité.* Le traité de Maastricht a institué la « citoyenneté de l'Union européenne », paradoxalement placée dans le traité instituant la Communauté européenne. Cette citoyenneté ne remplace pas la citoyenneté nationale mais s'y ajoute : sa condition d'accès est la nationalité d'un État membre [2]. Ainsi, on se situe assez loin des États fédéraux où il n'y a

---

1. Notamment, la Cour n'a pas la compétence pour annuler une loi nationale au motif qu'elle serait contraire à une règle communautaire.

2. Le contenu de la citoyenneté de l'Union européenne comprend le droit à la libre circulation, déjà consacré antérieurement, ainsi qu'un ensemble de droits politiques (participation aux élections du Parlement européen, participation aux élections locales, droit de pétition, droit de s'adresser au médiateur) et de protection à l'extérieur de l'Union.

qu'une seule nationalité, celle de l'État central et où la citoyenneté se déploie aussi bien au plan local qu'au plan central.

Deux constats peuvent clore cette brève analyse :

– l'Union et les Communautés européennes ne relèvent pas clairement de l'une ou de l'autre des formes politiques classiques que sont l'État fédéral ou la confédération d'États : à certains égards, elles se trouvent dans une situation ambiguë et hybride de *mixtum compositum*, empruntant à chacune de ces formes certains éléments qui coexistent selon un dosage complexe et dont la part respective varie selon les secteurs retenus. Rien d'étonnant alors à ce que la perception de l'édifice par l'opinion publique soit brouillée et confuse ;

– de ce fait, il devient nécessaire de dépasser l'antagonisme exclusif de ces deux formes politiques en tentant d'en contourner l'opposition : faute de pouvoir clairement insérer l'Union et les Communautés européennes dans les schémas de l'État fédéral ou de la confédération d'États, pourquoi ne pas jouer sur ces catégories mêmes ?

Le dépassement de l'opposition entre État fédéral et confédération d'États par l'Union et les Communautés européennes

Lorsque les catégories juridiques ne parviennent pas à rendre compte de manière satisfaisante de la réalité, il peut être judicieux, au lieu de se contenter du lit de Procuste, d'essayer de réajuster ces mêmes catégories afin de leur faire acquérir la plasticité nécessaire pour pouvoir leur permettre de rendre compte du réel. Deux manières de faire sont alors concevables :

– soit on amalgame les deux catégories : État fédéral et confédération d'États, en vue de leur dépassement ou en vue de surmonter leur contradiction ;

– soit, et de manière plus radicale, on cherchera à dépasser l'opposition entre les deux catégories, qui tient à la localisation controversée de la souveraineté, en sortant du *tertium non datur* pour forger une nouvelle catégorie, celle de la « fédération », forme d'organisation politique non étatique, capable de désigner l'avenir de l'Union et des Communautés européennes.

La solution de l'amalgame…

L'amalgame est souvent le sort que le principe de réalité fait connaître aux oppositions accusées qui ont fait leur temps : il y a alors changement de paradigme, la conciliation semblant possible là où l'exclusive régnait. Il en a été ainsi, par exemple, lorsque, dans l'article 3 de la Constitution du 4 octobre 1958, la souveraineté nationale a été amalgamée avec la souveraineté populaire. Peut-il en aller de même avec les notions d'État fédéral et de confédération d'États ? Certaines formules le laissent penser, comme celle de Jacques Delors, décrivant l'avenir de l'Union et des Communautés européennes comme « une fédération des États-nations ». Il faut se demander si la formule possède un sens [1], ou si elle n'est après tout qu'habile rhétorique, simplement destinée à faciliter un changement qui, sous des apparences de changement majeur, n'en serait finalement pas un. Que veut-on dire, exactement, en parlant d'une fédération des États-nations ?

1. Le premier que l'on puisse lui donner, *a contrario*, est d'exclure une fédération reposant sur les régions d'Europe.

L'État-nation était ainsi défini par Denis de Rougemont : « L'État-nation, né de la guerre et progressant par elle, comme elle par lui, conduit nécessairement à de nouveaux conflits qu'il prépare sous le nom de défense de la Paix. Et ce seront les deux guerres mondiales [1]. » L'État-nation a partie liée avec le nationalisme et l'on sait, comme le disait François Mitterrand, que « le nationalisme, c'est la guerre ! ». Si tel est le cas, c'est parce que l'État-nation revendique et exerce pleinement, sans contrôle ni limites, la souveraineté. Autrement dit, le terme d'État-nation renvoie à celui d'État souverain. Or, selon la doctrine classique de l'État fédéral, les États membres de l'État fédéral, une fois le pacte fédéral conclu, cessent d'être souverains pour s'assujettir volontairement à un ordre auquel ils participent, mais dont ils sont les sujets. Indiquer que l'Europe devrait devenir une fédération des États-nations, c'est donc admettre la coexistence de deux niveaux de souveraineté, ou considérer celle-ci comme divisible, ce qui contredit le postulat de l'unité et de l'indivisibilité de la souveraineté. L'expression porterait alors en elle-même sa contradiction.

Toutefois, cette contradiction serait relativisée et l'expression « fédération des États-nations » recevrait une certaine cohérence si on considérait, dans la lignée de Georges Scelle [2], la souveraineté comme un faisceau de compétences [3] et comme un titre juridique permettant

1. *L'État-nation contre l'Europe*, Paris, Cadmos, 25, 1984, p. 88-11, article repris dans le *Dictionnaire international du fédéralisme*, à l'entrée « État-nation », p. 58, spéc. p. 61.

2. *Précis de droit des gens*, Paris, Sirey, 2 vol., 1932-1934.

3. On peut évidemment récuser ce point de vue et penser que l'on aboutit, par le truchement de la notion de compétence, à démembrer celle de souveraineté.

d'en organiser l'exercice en commun par des institutions communes établies par les États.

Dès lors, l'expression s'éclaire, car elle suppose que les compétences de la fédération soient clairement énoncées et délimitées par le Pacte fédératif qui, pour Jacques Delors, doit demeurer un traité international et pas nécessairement prendre la forme d'une Constitution [1], le même pacte réservant aux États-nations des compétences exclusives recouvrant l'ensemble des questions liées à la cohérence d'une nation et d'une société : l'emploi, le social, la santé, l'éducation et la culture [2]. On observera que, depuis le traité de Maastricht, la coopération entre États membres peul être facilitée, dans ces secteurs, par les institutions communautaires. On observera également que, sans nier l'importance de ces domaines réservés à la compétence exclusive des États-nations, les compétences dévolues à la fédération sont d'ores et déjà d'une tout autre ampleur [3]...

Autre tentative de dépassement de la contradiction par l'amalgame des contraires, l'expression forgée par le professeur Allan Dashwood pour décrire l'Union et les Communautés européennes, celle d'un « ordre constitutionnel d'États souverains [4] ». Les États membres de l'Union acceptent volontairement, dans les domaines définis, d'exercer conjointement certaines compétences. Les États

1. Pour une critique de la Constitution européenne comme un projet prématuré, voir R.M. Llopis Carrasco, *Constitución Europea : un concepto prematuro*, Valence, Tirant lo Blanch, 2000.

2. J. Delors, « Ma vision d'une fédération des États nations », *Le Monde des débats*, juillet-août 2000. Cette vision semble négliger le potentiel de développement des compétences de la Fédération par l'interprétation judiciaire.

3. La question n'est pas sans rappeler celle de savoir à partir de quel moment la quantité se transforme en qualité.

4. « "A Constitutional Order of Sovereign States" in States in the European Union », *European Law Review* 23, 1998, p. 201.

membres acceptent donc d'être encadrés par un ordre volontaire et supérieur de la même façon que les citoyens acceptent de se soumettre à la Constitution qui régira leur vie publique. Les relations entre États membres, dans le champ des compétences communautaires, ne sont plus régies par le droit international mais sont d'une nature et d'une intensité telles qu'il est approprié de parler d'un ordre constitutionnel. En même temps, les États membres conservent leur souveraineté : elle a rendu possible l'établissement d'un tel ordre et les États membres continuent à l'exercer individuellement dans les domaines qui ne font pas l'objet d'un exercice en commun.

Ces deux tentatives de dépasser l'opposition entre l'État fédéral et la confédération d'États mettent au jour la difficulté cruciale qui a trait à la souveraineté. Si l'on demeure prisonnier d'une conception étatique de la forme fédérale, alors on butera constamment sur l'impossibilité d'une conception non unitaire de la souveraineté. Sa localisation ne peut pas avoir lieu simultanément à deux étages différents de l'édifice. Le dilemme fédération/confédération conserverait toute sa pertinence, et les formules de J. Delors ou d'A. Dashwood ne seraient, à tout prendre, que des tentatives d'esquiver le choix décisif qu'il implique.

Plutôt que de demeurer enfermés dans les termes d'un dilemme impossible à trancher, certains ont voulu briser la relation historique entre État et fédération, qui se marque dans le vocable d'État fédéral, et proposer une vision renouvelée de la fédération [1], apte à dessiner et à encadrer les perspectives d'évolution de l'Union et des Communautés européennes.

---

1. On constate que J. Fischer emploie dans son discours de Berlin, le terme de *Föderation* et non celui de *Bundesstaat*, pour indiquer la finalité de l'intégration européenne.

... ou celle d'une vision renouvelée de la fédération ?

L'antinomie entre la construction juridico-politique de l'État et le fédéralisme a souvent déjà été relevée : le dilemme de Calhoun [1] ou les écrits de Proudhon [2] l'attestent. C'est dans cette ligne que s'inscrivent les travaux que le professeur O. Beaud a consacrés à la fédération [3]. Son point de départ est celui-ci : « Ainsi, vu du côté de la souveraineté, le fédéralisme apparaît comme une absurdité juridique [...]. Mais la thèse inverse peut tout aussi

1. B. Voyenne le présente ainsi : « De deux choses l'une : ou bien les traités qui ont donné naissance à l'État fédéral subsistent, et alors cet État n'existe qu'en vertu de la souveraineté de ses membres ; ou il s'agit, comme le prétendent les fédéralistes, d'un pacte définitif et dans ce cas on se trouverait en face d'un État unitaire, ce que manifestement les signataires n'ont pas voulu créer. En d'autres termes, aucun être de raison ne peut être pensé comme à la fois multiple et un, simple et composé, indépendant et lié. Il faut choisir. Tout ce qui prétend dépasser cette alternative ne fait que se détruire par ses propres contradictions ». B. Voyenne, *Histoire de l'idée fédéraliste*, Paris, Presses d'Europe, 1976, vol. III, p. 134. Les écrits les plus connus de John C. Calhoun (1782-1850) ont été rassemblés par Ross M. Lence, *Union and Liberty. The Political Philosophy of John C. Calhoun*, Indianapolis, Liberty Classics Edition, 1992. On y trouvera notamment ses derniers textes : *A Disquisition on Government* et *A Discourse on the Constitution and the Government of the United States* (1850).

2. Voir la définition qu'il donne de la fédération (il ne parle pas d'État fédéral) : « Pour que le contrat politique remplisse la condition synallagmatique et commutative que suggère l'idée de démocratie ; pour que, se renfermant dans de sages limites, il reste avantageux et commode à tous, il faut que le citoyen, en entrant dans l'association, 1) ait autant à recevoir de l'État qu'il lui sacrifie ; 2) qu'il conserve toute sa liberté, sa souveraineté et son initiative, moins ce qui est relatif à l'objet spécial pour lequel le contrat est formé et dont on demande la garantie à l'État. Ainsi réglé et compris, le contrat politique est ce que j'appelle une fédération ». *Le principe fédératif*, Paris, E. Dentu, 1863, p. 67. La postérité proudhonnienne, et singulièrement les tendances anarchistes et anarchosyndicalistes auront tendance, comme le souligne O. Beaud, à faire du fédéralisme un anti-étatisme dans son article « Fédéralisme et souveraineté. Notes pour une théorie constitutionnelle de la fédération », *RDP*, 1, 1998, p. 100, note 56, *in fine*.

3. O. Beaud, « Fédéralisme et souveraineté... », art. cit., p. 83.

bien être soutenue. Sous cet angle, c'est la souveraineté qui apparaît comme une absurdité juridique puisqu'elle se montre incapable de rendre compte de l'existence d'un fait irréductible : la fédération se caractérise par la coexistence de deux pouvoirs sur un même territoire [1]. »

Pour sortir de la contradiction, le professeur Beaud propose de considérer les notions d'État et de fédération comme deux notions d'égale nature juridique, la fédération étant une forme politique originale qui se distingue de l'État en ce sens qu'elle repose sur un partage constitutionnel de la puissance publique, partage contrôlé par le juge. Ce serait donc l'existence d'une répartition constitutionnelle des compétences, assortie de mécanismes juridictionnels destinés à en garantir l'effectivité, qui caractériserait essentiellement la fédération et la différencierait de l'État, voire de l'État fédéral [2]. S'y ajoutent d'autres éléments, comme la dualité du peuple dans une fédération, exprimée par l'existence d'une double citoyenneté : celle dont les citoyens de l'ensemble sont titulaires, en vertu des droits politiques qui leur sont reconnus par la Constitution centrale, mais aussi et en même temps celle qui appartient aux citoyens de chacune des entités fédérées, en vertu de leurs Constitutions particulières.

Le droit public devrait donc enregistrer deux formes majeures d'organisation politique : l'État-souverain et la fédération (pour laquelle la question de la souveraineté n'est pas essentielle, au sens fort du terme). L'issue du dilemme entre confédération d'État et État fédéral est donc bien dans l'ouverture d'une tierce catégorie : *tertium datur* ! La démonstration de l'auteur est séduisante autant que solidement argumentée et nourrie des

1. *Ibid.*, p. 87 et 88.
2. Selon O. Beaud, « […] les États-Unis sont passés en deux siècles d'une fédération à un État fédéral », art. cité, p. 109.

meilleures références : pourquoi faut-il, cependant, qu'elle laisse l'impression d'un savant escamotage de la difficulté ? Il est en tout cas à craindre que la subtilité de la démonstration rende difficile l'explication politique de ce qu'il faudrait entendre désormais par fédération.

Pourtant, il faut noter que la notion de fédération ainsi caractérisée rencontre – et ce n'est pas le moindre de ses intérêts – les déterminants actuels de la construction européenne : elle pourrait alors servir de balise et signaler le but à atteindre tout en permettant de mesurer l'écart qui nous en sépare encore.

Il est frappant de constater que les trois thèmes les plus abondamment évoqués lors des débats antérieurs à la Conférence intergouvernementale en cours sont précisément :

– la question de la répartition des compétences entre l'Union et ses États membres [1] ;

– la question de la réforme du système juridictionnel communautaire [2] ;

– la question de la Charte des droits fondamentaux de l'Union européenne [3].

Sans doute, ces questions ne sont pas celles qui ont été inscrites en priorité à l'ordre du jour de la conférence qui

1. Voir Commissariat général du Plan, *L'Union européenne en quête d'institutions légitimes et efficaces*, rapport du groupe présidé par Jean-Louis Quermonne, Paris, La Documentation française, novembre 1999.

2. Voir Rostane Mehdi (dir.), *L'Avenir de la justice communautaire : enjeux et perspectives*, Paris, La Documentation française, 1999.

3. *Vers une Charte des droits fondamentaux de l'Union européenne* (actes de la table ronde du 18 mai 2000 organisée par l'Université Paris-II), *Regards sur l'actualité*, numéro spécial 264, août 2000, Paris, La Documentation française, 2000. Voir aussi F. Benoît-Rohmer (dir.), *La Charte des droits fondamentaux de l'Union européenne*, Actes des journées d'études organisées à Strasbourg les 16 et 17 juin 2000, Rudh 2000, 12 (1-2).

doit régler le « reliquat d'Amsterdam » : composition de la Commission, pondération des votes au sein du Conseil, extension de la majorité qualifiée. Leur intérêt vient du fait que ce sont là des questions de fond – des questions d'importance constitutionnelle – qui conditionnent l'avenir de l'intégration européenne et qui sont issues de son développement pragmatique. De surcroît, elles rejoignent les éléments de la définition de la fédération proposée par O. Beaud. Occulter ou ne pas résoudre de manière satisfaisante ces questions, c'est se condamner à avancer les yeux au sol et se priver des perspectives qu'elles offrent pour développer l'acquis communautaire. Les signaler ne suffira évidemment pas à les régler. Mais cela peut indiquer les points de passage obligés de l'Union, si les États membres et leurs opinions publiques entendent lui conserver sa dynamique, son efficacité et l'adaptation à l'environnement international que sa survie requiert.

*

La question posée par le titre de ce chapitre appelle maintenant une réponse qui soit un choix fondé sur l'analyse autant que sur la conviction. À la question présentée sous cette forme optative, la réponse paraît s'imposer : l'avenir de l'Union et des Communautés européennes ne passe pas par la construction d'un État, fût-il fédéral, mais par l'invention de structures inédites, appuyée par la méthode communautaire, entées sur la matrice institutionnelle communautaire, qui n'ont pas véritablement de précédent, ni dans les expériences étatiques ni dans la coopération internationale organisée. La référence au fédéralisme, comme doctrine ou comme état d'esprit, plus que comme structure, débarrassé de ses malentendus (volontaires ou ignorants), peut faire gagner du temps et éclairer ce choix collectif. Mais l'acculturation, et spécialement l'acculturation politique, si nécessaire ici, est un travail de longue haleine…

L'Union de demain, dont les traités constitutifs auront été rationalisés [1] et restructurés, qui bénéficiera peut-être de la personnalité juridique, continuera de reposer sur d'anciennes nations qui n'entendent ni se fondre ni éclater en communautés multiples et diverses [2]. Elle continuera aussi d'être cet ensemble plurinational [3], où certaines compétences étatiques seront exercées en commun conformément au principe de subsidiarité, selon des procédures simplifiées et plus transparentes impliquant les diverses institutions, chacune exprimant un des grands intérêts associés. Mais les gouvernements des États membres devront prendre garde à modifier la procédure de révision des traités, à augmenter l'agilité décisionnelle d'une Union élargie et alourdie, en diffusant le vote à la majorité qualifiée, à préciser ce qu'est le modèle social européen, à faire en sorte que le citoyen européen trouve des raisons positives d'apporter un soutien actif à l'une des entreprises les plus spectaculaires du siècle qui s'achève. Proudhon avait prédit que le XXe siècle serait celui de la fédération, sinon l'humanité recommencerait un purgatoire de mille ans : que nous apportera le XXIe siècle ?

Sera-ce finalement une fédération ? une confédération ? La Constitution américaine ne comporte pas le mot fédéral, et elle fonctionne depuis plus de deux siècles ; la

1. Faudra-t-il abandonner le système des piliers ? Faciliter les coopérations renforcées ?

2. Les principes d'unité et d'indivisibilité commencent à se nuancer de pluralisme et de partage. Voir, par exemple, Jean-Yves Faberon et Guy Agniel (dir.), *La Souveraineté partagée en Nouvelle-Calédonie et en droit comparé*, Paris, La Documentation française, coll. « Les études », 2000. Voir aussi le plan proposé pour la Corse en juillet 2000 par le Premier ministre.

3. Et multilingue !

Constitution suisse est la Constitution fédérale de la Confédération helvétique, de 1874, et elle vient de se voir renouvelée par une révision générale en 1999 : si l'Union doit inventer son propre modèle, qu'elle ne se laisse pas paralyser par des étiquettes !

*

Depuis que le texte ci-dessus a été publié aux *Cahiers français*, la réflexion sur ces questions a avancé. Il me semble utile de la prolonger en réagissant à certains travaux postérieurs et dont je n'avais pu évidemment prendre connaissance à l'époque. Je livre ces remarques en vrac, sans avoir cherché à trop les ordonner, ni à les incorporer dans une version révisée et actualisée du texte initial.

1. Leur point de départ est l'article de Charles Leben : « Fédération d'États-nations ou État fédéral » [1], remarquable à beaucoup d'égards. L'auteur, très lucidement et très classiquement, pointe la faiblesse logique de la formule « fédération d'États-nations », qui repose en définitive sur l'hypothèse, impossible pour lui, du *tertium datur* entre fédération et confédération d'États : doit-on se résoudre à la considérer comme un oxymore ou comme une aporie, une figure de style fondée sur la contradiction ou une contradiction logique débouchant sur une impasse ? Cette formule n'est-elle, au fond qu'une

1. C. Jœrges, Y. Mény, J.H.H. Weiler, *What Kind of Constitution for what Polity ?*, Robert-Schuman Centre for Advanced Studies (European University Institute), The Jean Monnet Chair (Harvard Law School), Badia Fiesolana 2000, p. 85. Toutes les autres contributions rassemblées dans ce volume sont de qualité : la place nous manque pour rendre compte de toutes et pour y réagir.

sorte de « tour de passe-passe » politique, comme l'écrit l'auteur ?

« On voit bien l'intérêt politique d'une telle construction qui ferait s'évanouir, comme par enchantement, toutes les contradictions sur lesquelles les analystes de l'Union européenne butent : beaucoup plus qu'une organisation internationale, c'est-à-dire une Confédération (avec qui elle partage la création par un traité et le maintien de la souveraineté des États membres), moins qu'un État fédéral (mais pour combien de temps si des compétences sans cesse plus nombreuses lui sont transférées ?) l'Union baptisée Fédération, au sens de Carl Schmitt, pourrait à la fois être aussi puissante et efficace qu'un État fédéral tout en maintenant strictement la personnalité et la souveraineté de ses constituants.

Nous avouons être sceptiques sur un tel dépassement hégélien des contraires et sur l'apparition d'une synthèse nouvelle. Nous ne voyons pas comment, dans la théorie de l'État, on pourrait glisser un "nouvel animal" comportant tous les avantages juridiques et politiques de l'État fédéral tout en conservant la souveraineté pleine des "États-nations". Mais nous comprenons très bien que les hommes politiques, soit par croyance sincère soit par calcul, essaient d'acclimater l'idée qu'un tel résultat pourrait être atteint. Si la construction communautaire, si l'Europe, est à ce prix, personnellement, nous l'acquittons volontiers. Et après tout, nous nous sentons trop incertain dans nos analyses "académiques" pour exclure absolument que la synthèse nouvelle défendue par la doctrine que nous venons de résumer soit totalement exclue.

Cependant, et malgré tout, nous tenons à la vieille idée spinoziste que l'essence du cercle est irrémédiablement différente de celle du carré et *tertium non datur.* »

Il me semble au contraire que le succès de la formule est dû au fait qu'elle exprime assez justement non seulement le projet européen qui doit certes encore être matérialisé et concrétisé, peut-être sous la forme d'une Constitution, mais aussi – et surtout – parce qu'elle est en phase avec la réalité communautaire d'aujourd'hui, telle que des années de pratique institutionnelle et étatique, de débats aussi, l'ont façonnée. Comme on a essayé de le montrer ici, la réalité communautaire combine les éléments fédéraux et confédéraux dans une proportion difficile à établir, car elle varie d'intensité sans doute selon les secteurs et les critères retenus. Ce qui semble clair, c'est précisément que la réalité communautaire offre justement l'exemple de cet étrange animal qu'évoque le professeur Leben, occupant à lui seul cette place intermédiaire, que jadis la notion de supranationalité avait déjà cherché à établir, quelque part entre la fédération et la confédération.

Le point noir de la formule tient, pour beaucoup, à ce qu'elle semble consacrer l'immuabilité des « États-nations », tels que les histoires nationales les ont forgés, avec les inflexions que chaque État membre a pu connaître dans sa recherche d'une relation particulière entre l'État et la nation. Mettre l'accent sur les « États-nations », comme composantes de la fédération, c'est aussi écarter toute perspective d'une fédération de régions, c'est consolider l'« État-nation » comme véhicule d'une conception unitaire de la stato-nation, c'est aussi récuser des modes d'organisation collective qui, comme en Espagne ou en Belgique et dans une moindre mesure en Italie, tiennent compte d'un pluralisme national ou nationalitaire.

Il a pu y avoir (historiquement et doctrinalement) une certaine antinomie entre le fédéralisme et l'État unitaire, voire l'État tout court. L'État a pu voir, à maintes reprises depuis un demi-siècle de construction européenne, sa mort annoncée : pris en tenaille entre une construction européenne qui le dépouille de ses prérogatives régaliennes et l'essor d'un régionalisme qui lui soustrait de plus en plus de compétences de gestion, l'État n'est-il pas appelé à se vider de sa substance, par le « haut » comme par le « bas » ?

La formule « fédération d'États-nations » se veut pragmatique et possibiliste : il ne peut s'agir de poursuivre et d'approfondir la construction de l'Union et des Communautés européennes contre les États, ni avec d'autres partenaires publics qu'eux. Sans doute, les régions, spécialement celles à statut constitutionnel et à compétence législative [1], revendiquent-elles une plus grande présence (et une présence plus effective) dans les institutions et les mécanismes décisionnels de l'Union. Leur crainte est ici symétrique de celle évoquée à l'instant : ils redoutent que le développement des domaines d'action de l'Union et des Communautés n'aboutisse à mettre en cause les compétences que les Constitutions des États leur reconnaissent.

Mais s'il convient d'être attentif aux demandes du Comité des régions ou de la conférence des régions à statut constitutionnel, voire de reconnaître la justesse de certaines (comme par exemple le droit, pour les régions, de saisir la Cour de justice), il semble difficile, et c'est à notre avis le sens de la formule d'une « fédération d'États-nations », d'imaginer que les États membres acceptent de renoncer demain au principe de leur monopole de la représentation des nations dont ils tirent leur légitimité. Pour le dire encore plus clairement : est-il acceptable et imaginable que les États membres redistribuent toutes

1. Il est vrai que les entités sub-étatiques (pour éviter le mot « région », équivoque) se présentent de manière très différenciée selon les pays membres : il n'y a guère d'équivalent entre ces différentes structures. D'où le caractère quelque peu arbitraire de la composition du Comité de régions. L'institutionnalisation de la représentation, au niveau européen, de cet échelon de décision publique nationale a permis une prise de conscience d'une certaine communauté des intérêts. Mais le jeu solitaire des régions à compétence législative montre bien le caractère artificiel de l'organe communautaire censé représenter autant de types de régions qu'il y a d'États membres…

leurs compétences entre les niveaux plus proches des citoyens et le niveau de l'Union européenne, et qu'ils s'effacent devant les régions et l'Europe ?

Plus exactement, si des aménagements doivent être trouvés quant à l'association des régions aux mécanismes décisionnels communautaires et en particulier au fonctionnement du Conseil de l'Union européenne, il s'agit avant tout de solutions que le droit national est habilité à trouver et à donner, plus que le droit communautaire – la composition des délégations nationales au Conseil peut comprendre d'autres personnes que les ministres des gouvernements nationaux, comme la rédaction de l'art. 204 TCE le permet et comme le montrent les pratiques suivies par l'Allemagne et la Belgique.

2. Sur la question d'une Constitution européenne, les réflexions de Joseph Weiler devraient tempérer l'enthousiasme des partisans d'une constitution pour l'Union européenne. L'auteur y exprime en effet ses doutes quant à l'utilité et à la signification d'une telle entreprise, dont la valeur ajoutée par rapport à la constitution actuelle de l'Union et de la Communauté européennes (les traités constitutifs) lui paraît faible. Surtout, l'idée de Constitution lui semble reposer sur l'idée d'unicité du peuple, au sens politique du terme : un seul *demos*, un seul corps politique. Or, transposer cette exigence au niveau européen lui semble dangereux, car précisément la valeur de l'actuelle Constitution européenne repose sur sa capacité à faire coexister plusieurs *demoi* au sein d'une même structure qui respecte leur pluralité et leurs identités respectives, tout en se dotant, par la règle de la majorité, d'un efficace mécanisme décisionnel correspondant à une discipline démocratique. Cette organisation du principe de tolérance lui semble être le plus grand intérêt – et le plus grand apport – de l'œuvre européenne : il n'est pas

sûr que la rédaction et l'adoption d'une Constitution européenne, surplombant nécessairement les Constitutions nationales, soient préférables à l'aménagement de l'actuelle charte constitutionnelle :

« To extol the existant constitutional arrangement of Europe is not to suggest that many of its specific cannot be vastly improved. The Treaty can be paired down considerably, competences can be better protected, and vast changes can be introduced into its constitutional arrangements. But when it is objected that there is nothing to prevent a European constitution from being drafted in a way which would fully recognise the very concepts and principles I have articulated, my answer is simple : Europe now has such constitution. Europe has charted its own brand of constitutional federalism. It works. Why fix it [1] ? »

3. L'approche fonctionnaliste, traditionnellement opposée à la perspective constitutionnelle [2], est-elle condamnée par le mouvement actuel en faveur d'une Constitution de l'Union européenne ? Dans le volume déjà cité, la contribution du professeur Renaud Dehousse [3] invite à la circonspection. La méthode fonctionnaliste, fondée sur l'expression d'objectifs et de procédures permettant d'y conduire, acquiert sa légitimité par l'utilité des résultats qu'elle permet d'obtenir, jour après jour.

L'architectonique institutionnelle (ce qu'on appelle souvent le mécano institutionnel) n'est pas incompatible, selon l'auteur, avec l'approfondissement de l'intégration

---

1. Voir sa contribution au présent ouvrage, chap. 5, ainsi que « Epilogue. Fischer : The Dark Side », dans C. Jœrges et al. (dir.), *op. cit.*, p. 234.

2. Cf. L.-J. Constantinesco, « Fédéralisme-Constitutionnalisme ou fonctionnalisme ? (Réflexions sur la méthode de l'intégration européenne) », *Mélanges Fernand Dehousse*, vol. 2, Paris, Nathan-Labor 1979, p. 19 suiv.

3. « Rediscovering Functionalism », dans Jœrges et al., *op. cit.*, p. 195.

fonctionnelle. Car celle-ci est, plus qu'on ne le croit, fondée sur un enchaînement de choix et de décisions politiques alors qu'on tend à la considérer simplement comme un développement mécanique. Ainsi, on a tendance à oublier que le marché unique et l'Union économique et monétaire ont résulté de décisions éminemment politiques et n'ont pas simplement procédé d'un effet automatique d'engrenage.

Ce plaidoyer pour un « pragmatisme institutionnel » est une voix de la sagesse : mais n'aboutit-elle pas, comme les idées du professeur Weiler à justifier et à consolider le *statu quo*, alors que la commune conviction des gouvernements et des institutions, si l'on en juge par le calendrier post-Nice et par le programme de la CIG de 2004, semble être d'aller vers une reconfiguration d'ordre constitutionnel ?

4. Je voudrais enfin signaler le *Columbia Journal of European Law* (7 [2], printemps 2001). Outre qu'il atteste, avec d'autres publications nord-américaines, de l'intérêt persistant que la communauté universitaire porte à l'expérience européenne, il contient deux articles dont la lecture permettra de poursuivre la réflexion sur les thèmes rencontrés. Le premier est dû au professeur Udo Di Fabio [1] (juge au Tribunal constitutionnel fédéral d'Allemagne), le second est un article du professeur Larry Cata Baker [2].

C'est surtout le second article qui retiendra l'attention : en rappelant les débats qui eurent lieu aux États-Unis sur la nature de l'Union (un seul peuple : *We the People of the*

1. « The European Charter : Towards a Constitution for the European Union », p. 159.
2. « The Extra-National State : American Confederate Federalism and the European Union », p. 173.

United States, mais plusieurs États associés) tout au long du XIXe siècle, jusqu'à l'issue de la guerre de Sécession, l'auteur montre l'ambiguïté de la Constitution américaine. Ambiguïté féconde dans un premier temps, car elle a permis la ratification relativement rapide de la Constitution, mais ambiguïté qui a débouché sur la radicalisation du conflit entre États du Sud et du Nord, s'exprimant sur un plan juridique par la confrontation entre confédération et fédération, finalement résolue en faveur de cette dernière [1].

C'est la référence à cette discussion constitutionnelle (*a constitutional conversation*) qui lui semble utile pour saisir les débats européens actuels. L'auteur y retrouve en effet l'opposition entre partisans de deux camps : les « hamiltoniens », qui soutiennent la nécessité d'un gouvernement européen, et les défenseurs des droits des États [2] (*state's rights*), qui refusent cette perspective et insistent sur le maintien de la souveraineté entre les mains des États membres. Chacun de ces deux camps ne contemple, sous l'angle qui est le sien, que l'une des pièces du puzzle européen [3] et ignore l'autre, comme ce fut le cas aux États-Unis. C'est l'occasion de développer les thèses de Calhoun, pour lequel l'État fédéral et ses institutions ne sont pas parties au pacte fédéral, mais n'en sont que le résultat ou l'objet, et donc en fin de compte, de simples agents de la volonté des États, ce qui justifie leur contrôle sur la législation fédérale et leur pouvoir de

1. La formule de la Cour suprême, dans l'arrêt *Texas v/White* (1868). Lire le texte de l'arrêt et sa traduction dans E. Zoller, *Grands arrêts de la cour suprême des États-Unis*, Paris, PUF, coll. « Droit fondamental », 2000, p. 227 ; « une Union indestructible d'États indestructibles » clôt la discussion, mais ne renonce pas à l'ambiguïté…

2. Les « souverainistes » ?

3. Art. cité, p. 178. Pour une approche de la notion de « puzzle européen », voir Jean-Luc Sauron, *Cours d'institutions européennes. Le puzzle européen*, Paris, Gualino, 2000.

la « nullifier ». La vision de Calhoun lui semble, en Europe, avoir été partagée et prolongée par le Tribunal constitutionnel allemand qui s'est reconnu compétent pour apprécier la validité des actions entreprises par les institutions communautaires et qui a proposé, d'ailleurs, l'expression de *Staatenverbund* et non de *Bundesstaat*, pour décrire et qualifier le phénomène communautaire...

Puiser à cette source historique montre *a contrario* combien la comparaison entre la formation des États-Unis d'Amérique et celle de l'Union européenne est délicate : on a trop souvent tendance à considérer que les États-Unis sont sortis tout armés, telle Minerve, de la Constitution de 1787 [1], alors que l'examen de l'histoire et des débats juridiques et politiques laisse plus circonspect.

« Calhoun's notions of concurrent majorities, of interposition, of weighted suffrage, of multiple checks and balances between and within governments locked together in an Union, already part of the debate in Europe, serve as well, as the basis of discussion of the democratic legitimacy, and therefore the binding power, of acts of either general or constituent government. » (*Op. cit.*, p. 236.)

Ainsi, l'auteur souligne la proximité des thèmes abordés par cette phase de l'histoire des États-Unis et ceux que l'Europe discute depuis qu'elle s'est engagée, à partir de l'Acte unique européen, dans un processus constituant permanent qui devrait culminer en 2004.

Vlad CONSTANTINESCO

1. À certains égards, l'étude pionnière de Cappelletti, Seccombe et Weiler (*Integration through Law. Europe and the American Federal Experience*, Berlin-New York, W. de Gruyter, 1986, 3 vol.), n'échappe pas entièrement à ce reproche.

Chapitre 6

Fédéralisme et constitutionnalisme : le *Sonderweg* de l'Europe

Le choix prophétique de l'Europe

Pour le regretté Dan Elazar, grand penseur du fédéralisme, l'Europe est déjà un système fédéral car, selon lui, le principe fédéral ne doit pas être confondu avec l'État fédéral, qui en est une manifestation particulière [1]. Lui faisant écho, Pescatore, le Marshall du droit européen, remarque :

> « Les méthodes du fédéralisme ne sont pas uniquement un moyen d'organisation des États. Le fédéralisme est une philosophie juridique et politique qui s'adapte à tous les contextes politiques aux niveaux local et international, à condition que deux principes de base soient réunis : la recherche de l'unité combinée avec le respect rigoureux de l'autonomie et les intérêts légitimes des entités constitutives [2]. »

---

1. Dan Elazar, « Options, Problems and Possibilities in Light of the Current Situation », dans D. Elazar (dir.), *Self-Rule – Shared Rule*, Ramat Gan, Turtledove Publishing, 1979, p. 3 et 4.

2. « [T]he methods of federalism are not only a means of organising states. [F]ederalism is a political and legal philosophy which adapts itself to all political contexts on both the municipal and the international level, wherever and whenever two basic prerequisites are fulfilled : the

Personne ne s'étonnera de constater que les comparaisons entre les fédéralismes nord-américain et européen sont à la base des discussions actuelles sur l'intégration européenne [1]. Les dispositions institutionnelles ont fait l'objet d'une attention particulière en raison de l'apparente divergence entre l'expérience européenne et la fédération classique. Contrairement au modèle classique de l'État fédéral, et malgré des perfectionnements considérables, la structure institutionnelle de l'Europe répond toujours au modèle supranational de base, construit autour du triangle Commission-Conseil-Parlement ; elle continue à garantir une voix décisive aux gouvernements des États membres dans la gouvernance européenne. L'extension formelle des pouvoirs du Parlement européen a été contrebalancée au fil des ans par l'augmentation informelle des pouvoirs du Conseil. De son côté, la Commission a dû se battre pour conserver son influence dans le processus décisionnel. De façon superficielle – et optimiste, selon certains –, une comparaison pourrait être faite entre la Commission et le pouvoir exécutif fédéral, le Conseil et la Chambre des États, le Parlement et la Chambre

search for unity, combined with genuine respect for the autonomy and the legitimate interests of the participant entities ». Pierre Pescatore, Préface, dans T. Sandalow et E. Stein (eds), *Courts and Free Markets*, Oxford, Clarendon Press, vol. 1 (traduit par nous), 1982.

1. Voir, par exemple, Robert R. Bowie et Carl J. Friedrich (eds), *Studies in Federalism*, Boston, Little Brown & Co. 1954 ; et Arthur Whittier Macmahon (ed.), *Federalism Mature and Emergent*, New York, Columbia University Press, 1955, pour les premières analyses comparatives. Des études ultérieures sur le fédéralisme ont été réalisées par Terrance Sandalow et Eric Stein (eds), *Courts and Free Markets*, *op. cit.*, 2 vol. ; Mario Cappelletti, Monica Seccombe et J.H.H. Weiler (eds), *Integration through Law – Europe and the American Federal Experience*, Berlin-New York, Walter de Gruyter, 1986, et suiv. ; Koen Lenaerts (ed.), *Two Hundreds Years of US Constitution and Thirty Years of EEC Treaty*, Bruxelles, Kluwer, 1988.

basse. Mais les réalités d'une Europe intergouvernementale sont toujours bien en place. En utilisant le langage quelque peu archaïque mais typique de la construction des États, on pourrait dire que l'Europe institutionnelle est plus proche d'une confédération que d'une fédération.

Les dispositions constitutionnelles ont donné lieu à des études comparatives, en raison cette fois de leur apparente convergence avec l'expérience de l'État fédéral. De manière générale, les fédérations confient certains pouvoirs à des institutions fédérales ; ainsi les politiques et les lois qui émanent de l'exercice de ce pouvoir fédéral constituent les lois suprêmes de la fédération. Elles prennent effet sans l'intervention des pouvoirs locaux ; en cas de conflit juridique, elles priment sur les autres normes. Les constitutions des États fédéraux produisent toujours une hiérarchie verticale d'une triple nature : une hiérarchie des normes, inscrite dans une hiérarchie verticale de l'autorité normative, qui est elle-même située dans une hiérarchie du pouvoir réel. Quelles que soient les intentions originelles, les fédérations finissent par concentrer le pouvoir constitutionnel et institutionnel à l'échelon fédéral.

Un ensemble de normes constitutionnelles régulant les relations entre l'Union et les États membres (et vice versa) ont émergé et s'apparentent aux règles qui existent dans la plupart des États fédéraux : cet ensemble résulte de la combinaison des dispositions formelles présentes dans le traité – comme celles qui stipulent que certaines normes communautaires sont directement applicables [1] –, de principes fondateurs de droit international – tel que le principe de primauté des traités sur les règles de droit interne, voire sur le droit constitutionnel

1. Article 189 du traité de Rome.

interne [1] –, et des interprétations de la Cour de justice des Communautés européennes [2]. L'Europe connaît aussi un principe de séparation des pouvoirs, même s'il n'a pas toujours été respecté, tout comme dans la plupart des États fédéraux ; un principe d'application directe du droit communautaire ; ainsi que le grand principe de primauté, qui occupe une place tout aussi importante que dans la Constitution américaine.

Autrement dit, la discipline constitutionnelle que l'Europe impose à ses acteurs institutionnels – à l'Union elle-même, aux États membres et à leurs organes étatiques, aux citoyens européens, et à d'autres – est pratiquement identique à celle des États fédéraux avancés.

Le cadre constitutionnel où s'enracinent les principes de l'Europe est pourtant bien différent : c'est là la grande distinction entre l'Europe et les États fédéraux. Aux États-Unis, en Australie, au Canada ou en Allemagne, le cadre fédéral présuppose l'existence d'un « *demos* constitutionnel », c'est-à-dire un *pouvoir constituant* unique, dont découlent la souveraineté et l'autorité suprême consacrées par les dispositions constitutionnelles de la fédération. Certes, la doctrine constitutionnelle et la réa-

---

1. Sauf dans des conditions très particulières, le droit international n'autorise pas un État à user de son droit national, y compris son droit constitutionnel, pour justifier la violation d'un traité. C'est l'ABC du droit international rappelé dans l'article 27 de la convention de Vienne. Dans *International Law*, Oppenheim est clair à ce propos : « Il est clairement établi qu'un État partie ne peut invoquer les dispositions de son droit interne comme justifiant la non-exécution d'un traité même lorsque son droit interne s'oppose au droit international ; ceci s'applique aussi à tout État qui affirme ne pas pouvoir réviser son droit interne en vertu de dispositions juridiques ou constitutionnelles » (traduction), Sir Robert Jennings et Sir Arthur Watts (eds), *Oppenheim International Law*, vol. 1, *Peace*, p. 84-85, 9e éd., Essex, Harlow, 1992.

2. Voir J.H.H. Weiler, « The Transformation of Europe », dans *The Constitution of Europe*, Cambridge-New York, Cambridge University Press, 1999.

lité historique montrent que toute Constitution fédérale vise à garantir les droits des États et que la fédération est généralement établie par les entités constitutives et leurs peuples respectifs. Mais rien n'est plus important que la souveraineté formelle et l'autorité du peuple, agissant en tant que pouvoir constituant, au sein de la société : c'est de là que découle l'autorité suprême de toute Constitution, y compris ses principes fédéraux.

Bien entendu, l'une des grandes erreurs dans la construction des fédérations comme des États-nations est de confondre le *demos* constitutionnel – c'est-à-dire un présupposé juridique – avec la réalité politique et sociale. Dans bien des cas, la doctrine constitutionnelle présuppose l'existence de ce qu'elle crée par la suite ; ainsi, le *demos* est-il appelé à se prononcer sur la Constitution, alors même qu'il est juridiquement créé par cette Constitution. L'adoption d'une Constitution est pourtant communément reconnue comme la première étape d'un processus visant à créer cette notion politique et sociale plus dense qu'est le *demos* constitutionnel. Comme le démontre l'histoire des États-Unis, il y a un décalage entre la légitimité empirique d'une Constitution et son autorité formelle ; il peut falloir des générations et des années de guerre civile avant qu'une Constitution ne soit pleinement assimilée par son *demos*. De la même façon, le présupposé juridique qui défend l'existence d'un seul et même *demos* est contredit par la réalité sociale : la présence de plusieurs *demoi* (ou *ethnoi*) qui ne partagent pas un sentiment d'appartenance à une même communauté politique, au-delà de leurs différences et de leurs oppositions politiques, est chose courante dans un contrat constitutionnel classique. Il en résulte un contrat instable, comme le montrent l'histoire du Canada ou de l'Espagne moderne. À ma connaissance, l'observation des faits montre pourtant que tous les États fédéraux, classiques ou contemporains, posent comme principe fondamental l'autorité et la souveraineté du *demos* fédéral.

En Europe, ce présupposé n'existe pas. L'architecture constitutionnelle de l'Europe n'a jamais donné lieu à un processus d'adoption constitutionnelle par un *demos* européen. C'est pourquoi l'on constate que les principes constitutionnels ne jouissent ni dans les faits, ni en droit de l'autorité qui caractérise les États fédéraux, où le fédéralisme repose sur des bases constitutionnelles. La Constitution européenne ne répond pas aux critères classiques du constitutionnalisme. Il existe bel et bien une hiérarchie des normes puisque la législation communautaire l'emporte sur celle des États membres. Mais cette hiérarchie ne repose ni sur une hiérarchie des autorités normatives, ni sur une hiérarchie du pouvoir politique. En réalité, le fédéralisme européen est bâti sur une hiérarchie des normes descendante (du sommet vers la base), alors même que l'autorité du pouvoir est ascendante (de la base vers le sommet).

On pourrait en conclure à une instabilité permanente ; or, il n'en est rien. L'une des vertus de la construction européenne est de combiner un effet normatif bénéfique et une étonnante stabilité politique. Les États membres acceptent la discipline constitutionnelle de l'Union européenne avec beaucoup plus de sérénité que le Québec, par exemple. Il y a certainement plusieurs raisons à cela, mais l'une d'entre elles a trait à l'originalité de l'aménagement constitutionnel européen.

Cet aménagement particulier n'est pas un hasard. À l'origine, l'Europe a fait le choix prophétique et opportun de rejeter le modèle de l'État fédéral. L'union des nations d'Europe est clairement posée dès la première ligne du Préambule du traité de Rome, considérée comme l'affirmation la plus fondamentale de son ambition politique (ou *telos*) : « [...] Établir les fondements d'une union sans cesse plus étroite entre les peuples européens. » Ainsi, même dans la terre promise de l'Europe intégrée, les peuples de chacun des États européens sont appelés à conserver leur spécificité, contrairement à la théorie et à la pratique en vigueur dans tous les États fédéraux, qui affirment l'existence d'un seul peuple. Malgré toutes les vicissitudes rencontrées entre Rome et Amsterdam, les traités n'ont pas dévié de ce projet originel. En témoigne l'article 2 du traité CE qui stipule que la communauté a pour mission de promouvoir « [...] la cohésion économique et sociale et la solidarité *entre les États membres* » (souligné par l'auteur). Il n'y a pas qu'un seul peuple, ni même qu'un seul État, fût-il fédéral.

L'Europe a connu deux relances. Au milieu des années 1980, avec l'Acte unique européen, qui est à l'origine de l'introduction – quasi furtive – du vote à la majorité qualifiée dans la plupart des domaines du marché unique. Consacré par un amendement aux traités, il s'agit de l'un des progrès les plus spectaculaires de l'évolution institutionnelle de la Communauté. Dans les années 1990, Maastricht a ensuite consacré le développement le plus important au plan matériel en lançant l'Union économique et monétaire. La combinaison d'ajustements institutionnels à caractère confédéral et d'ajustements juridiques à caractère fédéral a marqué le *Sonderweg* de l'Europe, sa singularité et son identité. L'Europe a paru résoudre la quadrature du cercle : atteindre un degré d'intégration comparable à celle qui existe dans les fédérations dignes de ce nom, tout en conservant – voire même en renforçant – de puissants États membres [1] contrairement à ce que connaissent ces mêmes fédérations.

1. Voir les trois classiques, A.S. Milward, *The European Rescue of the Nation State*, Berkeley University of California Press, 1992 ; Stanley Hoffmann, « Reflections on the Nation-State in Western Europe Today », dans Toukas Tsoukalis (ed.), *The European Community – Past, Present & Future*, Oxford, Basil Blackwell, 1983 ; A. Moravcsik, *The Choice for Europe*, Ithaca (N.Y.), Cornell University Press, 1998.

Au tournant du siècle, le défi de l'élargissement fait réapparaître le débat sur l'architecture de l'Union européenne. Rares sont ceux qui osent appeler un chat, un chat ; seules quelques voix égarées proposent une véritable réforme institutionnelle ainsi que la reconstruction d'un gouvernement de type fédéral tirant sa légitimité directement de l'électorat européen [1]. Au contraire, nombre d'hommes politiques et d'universitaires [2], dans un langage très *politically correct*, ont réclamé l'adoption d'un nouveau contrat constitutionnel. Les dispositions actuelles seraient ancrées dans une véritable Constitution européenne, adoptée selon un processus classique qui donnerait lieu à un document constitutionnel. La Charte des droits fondamentaux constitue un pas important dans cette direction. L'intérêt de ce débat est qu'il ne se réduit

---

1. Voir par exemple l'article de Valéry Giscard d'Estaing et Helmut Schmidt paru dans le *International Herald Tribune* en date du 11 avril 2000. Voir aussi, à ce sujet, C. Jœrges, Y. Mény, J.H.H. Weiler (eds), *What kind of Constitution for what kind of polity ? – Responses to Joschka Fischer*, Centre Robert-Schuman, European University Institute, 2000. Pour une réflexion plus approfondie, se reporter au travail de G. Federico Mancini, l'une des personnalités publiques européennes à avoir reconnu les implications de la construction fédérale pour les États, « Europe : The Case for Statehood », *European Law Journal*, 4, 1998, p. 29-48. Se reporter bien entendu aux propositions de Jürgen Habermas, « The European Nation-State and the Pressures of Globalization », *New Left Review*, 235, mai 1999, p. 46-59 ; et *Die Einbezienhung des Anderen*, chap. III, « Hat der Nationalstaat eine Zukunft ? », Francfort, Suhrkamp, 1996, p. 128-191. Il y soulève un intéressant paradoxe politico-juridique. Une Europe « flexible » dotée d'un noyau dur serait en fait incapable de fonctionner dans le système de gouvernance actuel, dominé par le Conseil – branche exécutive des États membres – aux dépens de la démocratie parlementaire nationale. Au niveau constitutionnel, la structure étatique aurait pour conséquence d'accroître encore davantage le déficit démocratique.

2. Sur le plan politique, voir par exemple les nombreux commentaires aux discours de Joschka Fischer. Voir notamment le symposium du site Jean-Monnet : *http://www.jeanmonnetprogram.org/papers/00/symp.html*

pas à la frange d'activistes fédéralistes européens, mais qu'il est devenu respectable aussi bien dans les cercles académiques que politiques.

Quatre facteurs expliquent cet intérêt renouvelé pour l'adoption d'une Constitution formelle, appelée à se substituer aux actuels « arrangements constitutionnels » découlant des traités. Le premier facteur est d'ordre politique. Beaucoup admettent que l'architecture institutionnelle actuelle ne pourra pas fonctionner dans une Union élargie à vingt-cinq États membres. Une réforme d'envergure semble nécessaire. Dans le même esprit, certains pensent – à tort à notre sens – que les dispositions constitutionnelles actuelles ne fonctionneraient pas. Ils considèrent en particulier que l'absence de Constitution formelle laisse les principes constitutionnels à la merci de tel ou tel État membre, menaçant à la fois l'uniformité du droit et le principe d'égalité tout comme le fonctionnement régulier de la société. La crainte répétée des réactions de telle ou telle Cour constitutionnelle trouverait sa solution dans l'adoption d'une Constitution formelle légitimée par un pouvoir constituant entièrement européen.

Le second facteur est d'ordre « procédural » ou « processuel » [1]. Générant débats, alliances et oppositions, le processus d'adoption d'une Constitution serait utile à deux niveaux : il permettrait de renforcer les valeurs démocratiques et civiques, ainsi que leur pratique à l'échelle de la société.

Le troisième facteur est d'ordre matériel. Dans l'un de ses arrêts les plus célèbres au début des années 1960, la Cour européenne de justice décrivait la Communauté comme « [...] un nouvel ordre juridique de droit interna-

---

1. Voir Frankenberg, « The Return of the Contract. Problems and Pitfalls of European Constitutionnalism », *European Law Journal*, 6, 2000, p. 257-276.

tional au profit duquel les États ont limité, bien que dans des domaines restreints, leurs droits souverains [1] ». Une inquiétude largement répandue a fait craindre une extension des compétences communautaires à de nouveaux secteurs. Il n'y a pas si longtemps, un universitaire européen réputé, le juge Koen Lenaerts, écrivait en effet qu'il n'y avait « aucun noyau de souveraineté qui ne puisse être invoqué comme tel par les États membres contre la Communauté [2] ». Une Constitution apparaît comme un moyen approprié pour limiter l'extension des compétences de la Communauté.

Le dernier facteur est d'ordre normatif et conceptuel ; sous-jacent à la discussion, il nous paraît du plus vif intérêt. Au niveau normatif, l'absence de légitimation constitutionnelle formelle – imposant ses exigences aux États membres – est peut-être problématique. Si comme c'est le cas, la discipline constitutionnelle européenne impose le respect de la Constitution à l'intérieur même des États membres, par leurs organes et leurs populations, y compris en cas de conflit avec les normes constitutionnelles internes – alors elle devrait être légitimée, comme le proposent certains, par une Constitution approuvée par les citoyens au lieu de la caricature actuelle, qui s'est développée de façon autonome.

Au niveau conceptuel, l'inquiétude due aux présentes dispositions constitutionnelles doit être analysée par rapport au discours constitutionnel européen qui fut dominé

1. Affaire 26/62, *Van Gend & Loos*, Rec. 1963, 3.

2. « … Simply is no nucleus of sovereignty that the Member States can invoke, as such, against the Community ». Koen Lenaerts, « Constitutionnalism and the many Faces of Federalism », *American Journal of Comparative Law*, 38, 1990, p. 205 et suiv., p. 220 (traduit par nous). La Cour a aussi modifié sa rhétorique et dans son avis le plus récent, elle se réfère aux États membres qui ont limité leurs droits souverains «… dans des domaines toujours plus larges », avis 1/91, [1991], ECR 6079, considérant 21.

pendant des années par une étrange combinaison alliant Kelsen [1] à Schmitt [2]. S'inspirant de Kelsen, l'Europe cherche à décrire, à définir et à comprendre la *Grundnorm* européenne dont découle l'autorité constitutionnelle européenne. Qu'elle soit explicitement reconnue ou non, cette quête du Graal européenne sous-tend l'abondante littérature universitaire sur le constitutionnalisme européen. Elle peut également être analysée en termes schmittiens dans la mesure où elle s'attache à définir la source ultime de l'autorité constitutionnelle, celle qui prévaudra en cas de conflit [3]. Tels sont bien les vrais critères d'identification de la *Grundnorm*.

Les premiers « européistes » affirmaient que la *Grundnorm*, consacrée traditionnellement par le principe de primauté du droit européen sur le droit national, s'était déplacée au profit de l'autorité centrale, c'est-à-dire l'Europe. Cette vision semble un peu dépassée aujourd'hui ; elle est effectivement contestée par ceux qui soulignent que l'autorité suprême réside encore – en fait comme en droit – dans les ordres constitutionnels des États qui sanctionnent la primauté du droit, en définissent les paramètres et les limites.

Selon cette dernière vision, la *Grundnorm* serait transférable à l'échelon européen, à condition que l'on insère les principes constitutionnels actuels dans une Constitution formelle, adoptée par un seul et même *demos* constitutionnel – les peuples d'Europe agissant en cette occa-

1. Hans Kelsen, « On The Pure Theory of Law », *Israel Law Review*, 1 (3), 1966.

2. Voir C. Schmitt, *The Concept of the Political,* Chicago, University of Press, 1996, p. 35, 43 et suiv.

3. Le fait de considérer la *Grundnorm* comme interne ou externe à l'ordre juridique est un sujet controversé. Pour un aperçu de la question, voir Pavlos Eleftheriadis, « Begging the Constitutional Question », *Journal of Common Market Studies*, 36 (255), 1998 ; « Aspects of European Constitutionalism », *European Law Review*, 21 (32), 1996.

sion de façon unitaire. L'Europe sera alors, en fait comme en droit, dotée d'une véritable autorité constitutionnelle. Pour la grande majorité des partisans et des adversaires du constitutionnalisme européen, le débat se pose donc dans des termes schmittiens et kelséniens.

La perspective d'une Constitution formelle, issue de ces débats, nous laisse sceptique. Nous sommes encore plus incertain quant à l'émergence d'un État européen dans un futur proche, ou même d'un noyau aussi réduit soit-il. Notre intérêt pour ce débat n'est pas celui de l'expert en relations internationales ni celui du sociologue, qui tentent tous deux d'expliquer ou d'anticiper l'évolution de l'intégration européenne. En revanche, nous sommes convaincus que les valeurs normatives exprimées dans le discours politique et constitutionnel méritent la plus grande attention.

Nous voudrions nous efforcer de montrer en quoi la spécificité du fédéralisme européen – le *statu quo* – et les valeurs qu'il défend sont l'atout politique le plus important et le plus profond de l'Union européenne. C'est pourquoi l'adoption d'une Constitution formelle n'apporte pas de réponse utile aux questionnements posés, et notamment au problème de la répartition de compétences.

Autorité, soumission et émancipation : une parabole

Avant d'offrir une lecture normative de l'architecture constitutionnelle européenne, nous souhaiterions nous attaquer à certaines des prémisses sur lesquels repose habituellement le débat constitutionnel, en utilisant la parabole qui va suivre.

Dans l'éducation religieuse d'un enfant juif pratiquant, il y a un moment à la fois inévitable et effrayant. Pourquoi obéir à la loi ? Cette question inéluctable ne trouve pas de réponse facile dans une religion définie et constituée par le *nomos* – la Loi – et ne reposant sur aucune théologie. La révolution antinomique de saint Paul provient d'un échec : vouloir justifier de façon convaincante la soumission au *nomos*. Tout lecteur critique remarquera que le problème se pose de manière semblable pour ce qui est de la soumission et de la fidélité à une Constitution.

La réponse la plus simple et la plus profonde à cette question trouve son explication dans le contrat et l'autorité d'où provient le *nomos*. Mais la soumission et l'obéissance à Dieu n'expliquent pas toute la signification d'une vie fondée sur le *nomos*. Le philosophe Isaiah Leibowitz [1] propose une autre réponse, curieuse et pertinente, qui éclaire les débats actuels sur le constitutionnalisme européen.

Prenons à titre d'exemple les obligations principales du judaïsme : le respect des lois casher, du sabbat et de la pureté dans les relations sexuelles. Celles-ci sont centrales dans la mesure où elles affectent les trois aspects de l'existence quotidienne : manger, travailler et aimer. Celui qui les respecte se soumet à un ensemble de contraintes qui ne peuvent être expliquées rationnellement. Les lois casher interdisent ainsi certains des aliments les plus sains pour l'homme ; le sabbat s'impose aussi à ceux qui refusent repos et spiritualité ; enfin, la question confuse des menstruations et de l'abstinence sexuelle comporte des éléments arbitraires. Ces règles obligeraient donc l'individu à obéir et à se soumettre passivement à la loi, qu'il appliquerait pour en avoir reçu l'ordre. Rien d'étonnant à ce que saint Paul [2] se soit affranchi de ce joug.

1. I. Leibowitz, *Judaism, Human Values and the Jewish State*, Cambridge (Mass.), Harvard University Press, 1992.

2. Saint Paul n'a pas besoin d'être cité. Mais certains aspects de la doctrine paulinienne ont été récemment revisités par R.M. Unger, *What Should Legal Analysis Become ?*, Londres-New York, Verso, 1996, p. 186 et suiv.

La question de l'obéissance soulève cependant un intéressant paradoxe, partagé aussi bien par le judaïsme orthodoxe que par certaines branches de l'islam. Soumission et obéissance totale sont à une autorité transcendante qui n'est pas de ce monde. Cet acte permet de s'émanciper et de se libérer ainsi de l'autorité du monde présent. Se soumettre à une autorité divine, c'est afficher son indépendance vis-à-vis de l'autorité du monde réel et refuser la moindre allégeance. S'abstenir de manger ce qu'on aime, c'est se libérer d'une partie importante de son existence physique. Ne pas travailler le jour du sabbat, c'est dominer son penchant pour le travail et les considérations de carrière. Refuser toute relation sexuelle, malgré l'amour et les liens du mariage, c'est afficher son indépendance dans un des moments les plus intimes de l'existence. Analysant l'idée de liberté rationnelle, Isaiah Berlin, concitoyen, ami et admirateur de Isaiah Leibowitz, propose une version laïque de cette vision.

Trois enseignements peuvent être tirés de cette parabole pour le débat constitutionnel européen.

Le premier consiste à dire qu'un acte de soumission peut être simultanément un acte d'émancipation et de libération.

Le second montre, comme Aristote nous l'apprend, que la vertu est une habitude de l'esprit qui se développe par la pratique.

Le troisième et dernier enseignement montre que l'objectif d'obéissance à la loi ne coïncide pas avec les conséquences de l'acte d'obéissance (c'est-à-dire l'émancipation qui en résulte).

Voyons maintenant comment ces enseignements peuvent être appliqués à l'analyse normative du constitutionnalisme européen.

Ni Kelsen, ni Schmitt : le principe de tolérance constitutionnelle. Théorie et pratique

Deux facteurs conduisent à défendre l'intégrité des Constitutions nationales : d'une part, le respect du droit, d'autre part, une identité et un engagement moral. C'est la raison pour laquelle la question de l'autorité *suprême* et de la *Grundnorm* constitutionnelle est si importante.

Le rôle de nos Constitutions nationales n'est pas seulement de structurer les pouvoirs du gouvernement et les relations entre l'État, les individus et les autres agents. Elles passent aussi pour incarner les valeurs fondamentales de la société, reflétant ainsi notre identité collective, en tant que peuple, nation, Communauté, Union. On y est fier et attaché pour ces mêmes raisons. Les Constitutions visent à limiter les pouvoirs, non à les étendre ; elles protègent les droits fondamentaux de l'individu et définissent une identité collective plus rassurante que les identités ethniques. Au cours de la dernière décennie et à l'occasion de débats interminables, les cours nationales se sont montrées beaucoup plus agressives dans leurs interprétations sur l'ordre constitutionnel européen. Les cours nationales ne sont plus à l'avant-garde de ce « nouvel ordre juridique européen », qui a transposé l'État de droit au niveau transnational et a renforcé le pouvoir des individus vis-à-vis des États membres. Au lieu de cela, elles adoptent une attitude défensive et protègent leurs Constitutions contre toute incursion illicite de Bruxelles. Perçues comme protégeant les droits fondamentaux et l'identité nationale, les juridictions nationales ont reçu un accueil favorable. La protection de la souveraineté nationale appartient au *passé*, mais la défense de l'identité nationale et de la spécificité constitutionnelle est, elle, *à la mode* [1].

Cette nouvelle interprétation montre que la soumission à des dispositions constitutionnelles européennes dépourvues de Constitution de type kelsénien, investie formellement de l'autorité suprême, comme le conçoit Schmitt, ne met pas seulement en question la hiérarchie juridique traditionnelle, mais compromet aussi les valeurs fondamentales présentes dans les Constitutions nationales et l'identité collective que ces dernières expriment, ce qui remet en cause l'idée même de Constitution.

Miguel Maduro, l'un des plus brillants parmi la nouvelle génération des spécialistes de théorie constitutionnelle en Europe, exprime la même idée de façon convaincante :

> « L'intégration européenne pose un défi aux Constitutions nationales [...] comme au droit constitutionnel. Elle présume l'existence d'une Constitution sans définir de communauté politique qui lui corresponde [...]. L'intégration européenne remet ainsi en question le monopole juridique des États et l'organisation hiérarchique du droit qui place le droit constitutionnel au sommet de la hiérarchie des normes [2]. »

---

1. En français dans le texte.

2. « European integration not only challenges national constitutions... it challenges constitutional law itself. It assumes a constitution without a traditional political community defined and proposed by that constitution... European integration also challenges the legal monopoly of States and the hierarchical organisation of the law (in which constitutional law is still conceived of as the "higher law") ». M. Maduro, *We, The Court : the European Court of Justice and the European Economic Constitution : a Critical Reading of Article 30 of the EC Treaty*, Oxford, Hart Publishing, 1998 (traduit par nous). Il sait y décrire le dilemme mieux que je ne l'ai fait moi-même dans ces deux formules : « Constitution sans constitutionnalisme » et « la charrue avant les bœufs ». J.H.H Weiler, « We Will Do, And Hearken – Reflections on a Common Constitutional Law for the European Union », dans Roland Bieber et Pierre Widmer (eds), *The European Constitutional Area,* Zurich, Schulthess, 1995.

Ce défi est-il si dangereux ?

Il l'est par certains aspects. Les Constitutions libérales et modernes visent en effet à limiter les pouvoirs du gouvernement dans l'objectif de protéger l'individu ; elles énoncent les droits fondamentaux de la personne humaine dans la meilleure tradition néo-kantienne et expriment une identité collective centrée sur une communauté de valeurs, ce qui est beaucoup moins menaçant que les définitions plus organiques d'identités collectives. Elles reflètent ainsi les meilleurs côtés de notre personnalité.

Mais comme toutes les bonnes choses, elles ont aussi leurs propres travers.

Il convient, dans un premier temps, de prêter attention à la rhétorique du discours constitutionnel. Les expressions militaires ne manquent pas même dans la bouche des plus grands humanistes. On appelle au *patriotisme* autour de nos Constitutions modernes et libérales. Tout bon patriote est invité à *défendre* la Constitution. Dans certains États, des agences dont le nom évoque la défense des frontières ont pour tâche de protéger la constitution. Dans d'autres pays, il faut *prêter un serment d'allégeance* à la Constitution. On voit aussi apparaître une doctrine *combative* de la démocratie, qui refuse toute ouverture démocratique à ceux qui menacent la démocratie constitutionnelle. On semble considérer que le nationalisme constitutionnel est le corollaire inévitable du libéralisme. En fait, les enjeux constitutionnels ne peuvent se réduire à l'affirmation de valeurs ou à la limitation des pouvoirs. Car derrière ceci se cache un tout autre pouvoir.

Rares sont les constitutionnalistes et les cours constitutionnelles modernes qui se réfèrent *ouvertement* au droit naturel. D'un point de vue juridique, l'autorité formelle et normative de nos Constitutions est essentiellement positiviste, contrairement à l'énoncé de la parabole qui précède. Leur profondeur dépend du dernier amendement constitutionnel en date et l'on connaît des pays, comme la Suisse ou l'Allemagne, où les réformes constitutionnelles ne requièrent pas un processus constitutionnel complexe. La défense de l'intégrité constitutionnelle d'un État membre n'est donc rien moins que la manifestation tangible d'une auto-célébration, attribuant une incroyable autorité normative au pouvoir constituant. Pensons simplement au crédit presque sacré que nous accordons aux Constitutions – italienne, allemande et autres – adoptées dans les sociétés moralement corrompues de l'après-1945.

L'enthousiasme pour les récentes prises de position des tribunaux nationaux, qui se sont érigées en défenseurs des valeurs et de l'identité de la société, doit aussi être nuancé. Car la limitation des pouvoirs des gouvernements s'est accompagnée d'un renforcement parallèle du pouvoir judiciaire d'une bonne dose de moralisme. La question des droits de l'homme est souvent à l'origine de la rhétorique la plus véhémente. Les textes constitutionnels des différents États sont cependant très similaires, surtout sur la question des droits de l'homme. La défense des valeurs fondamentales et de l'identité constitutionnelle d'un État se résume bien souvent à des marottes herméneutiques des juges, adoptées par cinq voix contre quatre. Le conflit de la banane, qui a mis à l'épreuve la Cour européenne de justice, la Cour constitutionnelle allemande, l'organisme de règlement des conflits de l'Organisation mondiale du commerce ainsi que nombre d'avocats et d'universitaires, est le parfait symbole de cette mascarade.

Enfin, il y a une ironie subtile dans un éthos constitutionnel qui, tout en proclamant – à juste titre – sa méfiance à l'égard des vieilles notions d'identité organique et ethnique, n'en glorifie pas moins, de façon implicite, une identité morale – prétendument unique –, la sagesse, voire même la supériorité, des auteurs de la Constitution, du peuple, le *demos* constitutionnel, revêtu des attributs du pouvoir constituant – et naturellement des interprètes de la Constitution.

Samuel Johnson affirmait en son temps que le patriotisme était le dernier refuge des vauriens. Évidemment, il n'avait qu'à moitié raison car le patriotisme peut être une valeur noble. Mais l'aphorisme mérite d'être rappelé lorsqu'on voit célébrer l'idée du patriotisme constitutionnel, national ou transnational, que l'on entend protéger contre toute atteinte. Alors comment pouvons-nous à la fois respecter et faire valoir tout ce qu'il peut y avoir de bon dans notre Constitution tout en conservant un regard sceptique à son égard ?

Le plaidoyer en faveur d'une Constitution européenne n'est pas ce qu'il prétend être. Il ne s'agit pas d'un appel pour « une » Constitution mais pour une forme différente de Constitution qui diffère de l'architecture actuelle. Or, le cadre institutionnel de l'Europe appelle certes de nombreuses réformes, mais il incarne aussi l'une des innovations constitutionnelles les plus importantes : le principe de tolérance constitutionnelle.

Ce principe, qui constitue la caractéristique principale du fédéralisme européen, mérite d'être examiné en théorie et en pratique. Tout d'abord, le concept. Historiquement, la construction européenne a été l'un des principaux instruments de consolidation de la démocratie dans les États membres – anciens ou plus récents – dont les références démocratiques n'étaient pas toujours irréprochables, ainsi que dans les rapports entre États. Nombreux sont donc ceux qui considèrent que la démocratie est l'objectif ultime de la construction européenne, ce qui est illusoire car la démocratie n'est pas une fin en soi. Elle constitue un moyen, certes indispensable, alors que le but est d'essayer de mener une vie décente et d'honorer notre création à l'image de Dieu, ou l'équivalent laïque de cette aspiration. La démocratie est à l'image de ses citoyens. Dans l'Autriche de Haider, ce n'est pas l'absence de démocratie qui pose problème. L'Autriche est justement une démocratie, Haider fut *élu démocratiquement* et même les électeurs qui n'ont pas voté pour lui ne sont pas mécontents de voir son parti participer au gouvernement. Une démocratie constituée d'individus méprisables est une démocratie méprisable.

L'Europe fut construite sur les cendres de la seconde guerre mondiale ; elle fut le témoin de l'aliénation – ou plutôt de l'annihilation – la plus terrible qui soit. Aujourd'hui, il ne s'agit pas seulement d'éviter un nouveau carnage : c'est l'aspect le plus évident et un événement improbable en Europe occidentale – bien que les Balkans nous rappellent que les vieux démons n'ont pas quitté le continent. Le plus difficile est de s'attaquer aux racines de ces attitudes. Dans l'espace public, le respect de l'étranger est au cœur de cette problématique. C'est l'élément le plus important pour la condition humaine et pour nos sociétés multiculturelles.

Il me semble que deux stratégies ont eu un rôle décisif dans le rapport à l'étranger au sein de la civilisation occidentale. La première consiste à supprimer les frontières, l'idée étant de dire aux autres : « Venez, soyez des nôtres. » C'est une idée noble, car elle implique l'élimination des préjugés, selon lesquels il existe des frontières inébranlables. En dépit de ces bonnes intentions, cette stratégie suppose souvent que l'étranger devienne l'un de nous. Or, qu'est-ce que cela, sinon dépouiller l'autre de son identité ? Cette attitude n'est peut-être qu'une manifestation subtile de notre arrogance, de la conviction de notre supériorité et de notre intolérance. L'intolérance peut conduire à l'assimilation de l'autre ; cela est certes préférable à l'exclusion, à la répression, voire à d'autres formes de violence, mais l'assimilation demeure toujours une forme d'intolérance dangereuse.

L'alternative consiste à reconnaître la valeur de certaines formes d'identité qui ne sont pas définies sur base de critères ethniques, tout en cherchant à dépasser les frontières. De cette façon, nous reconnaissons et respectons les différences ainsi que nos spécificités individuelles et collectives, tout en dépassant les différences, au nom de notre humanité. Dans ce projet, deux éléments sont essentiels. Le premier est de préserver l'identité de l'étranger, sans chercher à l'assimiler ni à remanier les frontières. Le second est d'amener chacun, en dépit du maintien des frontières, qui constituent notre identité et celle des autres, à dépasser ces frontières, à accepter l'autre et à reconnaître son égale dignité humaine. Il n'est guère possible d'extraire de chaque âme la tentation de l'oppression ; par contre, on peut la dominer et apprendre l'humilité.

L'architecture constitutionnelle européenne est l'exemple même de cette stratégie alternative. Elle incarne le principe de tolérance constitutionnelle dans ses objectifs les plus fondamentaux, comme l'indique le Préambule du traité CE déjà mentionné plus haut – « déterminés à établir les fondements d'une union sans cesse plus étroite entre les peuples européens ».

Quel que soit son degré d'intégration, l'Union est appelée à regrouper des identités, des communautés politiques et des peuples distincts. Une Union plus poussée pourrait être réalisée par la fusion de ces peuples en un seul, ce qui est à la fois l'idéal et la réalité de la plupart des États, fédéraux ou non. Or, l'Europe a rejeté cet idéal, ce destin, afin de préserver la diversité des différents peuples européens, notamment au point de vue culturel, ainsi que leur autonomie politique. Mais ce choix européen a une signification spirituelle bien plus profonde.

Une union est d'autant plus soudée que les différences entre les peuples sont effacées, que ceux-ci partagent des intérêts communs et qu'ils aspirent à ne plus faire qu'un. Plus l'identité de l'autre est proche de la nôtre, plus il est facile de s'identifier à lui et de l'accepter. Plus l'autre nous ressemble, plus il est facile de l'admettre. Il est donc plus difficile de créer une Union lorsque les peuples conservent leur propre identité et leur altérité, et qu'ils ne forment pas un seul et même corps politique. C'est justement ici que s'applique le principe de tolérance. Chacun définit inévitablement son identité en établissant une frontière entre lui et les autres. La continuité de notre identité dépend de cette frontière au plan psychologique et sociologique du maintien de ce sentiment d'altérité. L'appel à une « union sans cesse plus étroite » avec les autres exige de chacun, comme de la société, un niveau de tolérance élevé. Dans ce cas-là, l'impératif catégorique kantien est encore plus significatif quand il s'applique à ceux qui ne nous ressemblent pas.

En termes politiques, le principe de tolérance constitutionnelle s'exprime de façon exemplaire dans l'organisation de la Communauté, qui ne répond pas aux principes du constitutionnalisme classique. À partir du moment où une démocratie repose sur un seul peuple, elle exige une discipline démocratique, c'est-à-dire le respect de la règle de la majorité. En revanche, la soumission de la minorité à la règle de la majorité est généralement considérée comme une forme d'assujettissement lorsque la minorité considère qu'elle n'appartient pas au même peuple. C'est encore plus vrai en matière de discipline constitutionnelle. Et pourtant, les peuples européens se soumettent à une discipline constitutionnelle alors même que la communauté est composée de peuples divers. L'Europe offre un exemple remarquable de tolérance civique : on y accepte ainsi d'être lié à des principes émis non pas par « son » peuple mais par une communauté politique hétérogène : le peuple des autres. Chacun compromet son autonomie en exprimant une tolérance intérieure et extérieure – à son propre égard et à celui des autres.

Au plan constitutionnel, le principe de tolérance trouve son expression dans l'objet des débats actuels : une discipline constitutionnelle de type fédéral, qui se distingue des Constitutions nationales classiques.

L'application des première et troisième leçons de la parabole est alors particulièrement éclairante. Selon la doctrine juridique, dans les États fédéraux, les acteurs constitutionnels sont soumis à l'autorité des règles entérinées par le *demos* constitutionnel, le peuple de la fédération. Mais la situation n'est pas comparable en Europe puisque c'est par un acte volontaire et autonome, sans cesse renouvelé, que dans les domaines de compétence de l'Union ces mêmes acteurs se soumettent aux règles communes, celles-ci étant l'expression d'une agrégation de volontés, d'identités et de communautés politiques distinctes. L'Europe est donc une communauté politique de nature différente, dont la principale caractéristique est de reposer sur l'acceptation volontaire de normes juridiquement contraignantes, émanant de groupes distincts. Ainsi, on dit aux Québécois qu'ils sont forcés d'obéir au nom du peuple canadien ; aux Français, Italiens et Allemands, qu'ils sont invités à obéir au nom des peuples européens. L'obéissance constitutionnelle est requise dans les deux cas. Dès lors que la soumission est volontaire et qu'elle se reproduit, elle constitue aussi un acte d'émancipation, qui libère de l'arrogance collective et du fétichisme constitutionnel. Elle est l'expression même de la tolérance constitutionnelle.

Le principe de tolérance constitutionnelle n'est pas un concept à sens unique : il s'applique au niveau national comme au niveau communautaire. L'examen de sa dimension pratique et de la réalité politique et sociale qu'il représente permettra de le clarifier.

Ce principe est d'abord présent au sein de l'administration, dans les habitudes et les pratiques qu'il impose aux détenteurs de la puissance publique. Au niveau le plus banal, on peut penser par exemple aux fonctionnaires des services de l'immigration qui renoncent à des pratiques vieilles de plusieurs décennies, voire de plusieurs siècles et examinent désormais les passeports des ressortissants communautaires de la même façon que ceux des nationaux. La même ligne de conduite est acceptée par les agents des douanes, les services d'aide au logement, les services éducatifs et toutes les administrations soumises à l'ordre constitutionnel européen.

Cette discipline deviendra une habitude dans l'élaboration des politiques publiques. Dans de multiples domaines d'activités, toute règle doit être soumise à une étude d'impact officieuse, que ce soit au niveau local ou au sein des parlements. Les politiques publiques ne seront plus adoptées sans que leur conformité avec les intérêts des autres, les intérêts de l'Europe ne soit vérifiée.

Quant à la fonction judiciaire, du juge de paix aux juridictions suprêmes, le droit européen est, qu'on le veuille ou non, partie intégrante du corps juridique normatif.

Nous avons délibérément choisi des exemples à la fois banals et communs parce qu'ils remettent en question ce qui jusqu'à maintenant était considéré comme d'importantes distinctions constitutionnelles, et parce que ce processus joue aussi au niveau communautaire. Prenons, par exemple, le juge ou le fonctionnaire européen : il doit comprendre qu'en vertu du pacte constitutionnel européen sa décision n'aura d'effet que dans la mesure où elle est appliquée par les tribunaux et par les fonctionnaires nationaux. Le fait que les uns et les autres relèvent d'une structure nationale, qui impose à ses agents respect et loyauté, constitue une incitation à la prudence et à la tolérance.

C'est ici qu'interviennent les deuxième et troisième leçons de la parabole. Ce ne sont pas les situations exceptionnelles qui définissent la place de la *Grundnorm,* et donc l'architecture constitutionnelle de l'Europe. Celle-ci est déterminée par les pratiques quotidiennes, même lorsqu'elles sont exécutées inconsciemment parce que les nouvelles réglementations administratives le requièrent. C'est ainsi que les agents, à tous les niveaux et dans leurs activités de tous les jours, se forment à ces vertus cachées.

Qu'en est-il alors des non-Européens et de la frontière qui les sépare des ressortissants communautaires ? La tolérance constitutionnelle peut-elle résister si elle est restreinte aux détenteurs de passeports violets ? Revenons à l'exemple des contrôles aux frontières. Malgré le regroupement des ressortissants communautaires et l'utilisation encore imparfaite d'une eurolangue qui passe pour être de l'anglais, les citoyens européens conservent une langue et des passeports distincts, ainsi que des identités nationales indépendantes. Il s'agit d'un aspect essentiel, parce que l'administration publique, dans ses tâches quotidiennes, est habituée à traiter l'étranger comme l'un de ses ressortissants, alors qu'il est différent. Il ne s'agit pas de se montrer excessivement naïf ; mais on espère simplement qu'il y aura des effets d'engrenage, par lesquels on s'habituera progressivement à différentes formes de tolérance, qui modifieront peu à peu la morale de l'administration publique, au bénéfice des Européens et des non-Européens. La frontière entre Européens et non-Européens est inévitable car elle est dictée par la discipline du nombre. Dans une entité relativement grande, le poids de chacun est tellement réduit que la démocratie est irréalisable, sauf dans son acception la plus formelle. Mais, à l'échelon supérieur, l'expérience de la Communauté engendre une morale différente : tout comme elle a modifié l'interaction entre les gouvernements, elle peut engendrer de nouvelles formes de relations avec tous les étrangers.

Insister et mettre en valeur les dispositions constitutionnelles de l'Europe ne revient pas à nier la nécessité de vastes réformes. Le traité pourrait être simplifié et le partage des compétences, mieux protégé [1] : d'importantes modifications institutionnelles seraient nécessaires. À ceux qui penseraient que rien n'empêche la rédaction d'une Constitution européenne sur la base des principes que nous avons énoncés, nous répondrons simplement que l'Europe dispose déjà d'une telle Constitution. L'Europe a inventé son propre fédéralisme constitutionnel et il fonctionne, alors pourquoi vouloir maintenant en changer ?

Joseph H.H. WEILER

---

1. Le problème des compétences est particulièrement intense depuis que les garanties constitutionnelles – qui limitaient l'extension des compétences communautaires – ont été réduites, affectant aussi le principe de tolérance constitutionnelle. Voir B. Simma, J.H.H. Weiler, M. Zoeckler, *Kompetenzen und Grundrechten Beschankungen der Tabakwerbung aus der Sicht des Europarechts*, Berlin, Dunker & Humblot, 1999. L'histoire montre que les Constitutions formelles ont tendance à renforcer le centre quelles que soient les intentions de leurs auteurs. Toute formule destinée à restaurer la discipline constitutionnelle pourrait faire l'objet d'une révision des traités sans exiger l'adoption d'une Constitution. Sur ce sujet, des propositions pragmatiques ont été formulées dans J.H.H. Weiler, A. Ballman, U. Haltern, H. Hofmann, F. Mayer, S. Schreiner-Linford, *Certain Rectangular Problems of European Integration (www.iue.it/AEL/EP/index.html)*, 1996.

Chapitre 7

La convention pour l'élaboration de la Charte des droits fondamentaux : Une méthode « constituante » ? *

Entre traité et Constitution, il y a une différence de méthode. Alors que les traités sont négociés par des États, l'adoption d'une Constitution suppose un engagement des citoyens ou de leurs représentants. Et parmi les raisons qui militent pour la rédaction d'une Constitution européenne, celle d'un changement de méthode n'est pas la moindre. La dernière conférence intergouvernementale qui a abouti au traité de Nice, en décembre 2000, semble avoir définitivement prouvé les limites de cette procédure. Les véritables négociations se sont finalement déroulées en quelques jours à Nice entre des chefs d'État et de gouvernement d'abord soucieux de ce qu'ils ont considéré comme leurs intérêts nationaux et peu portés aux compromis du fait de leurs droits de veto. Le traité qui en est résulté n'a pas répondu aux questions que soulève l'avenir d'une Union élargie.

* Cette étude se base sur des entretiens avec des nombreux participants à la convention effectués dans le cadre d'un travail de réflexion pour l'association « Notre Europe ». Voir Florence Deloche-Gaudez, « La Convention pour l'élaboration de la Charte des droits fondamentaux : une méthode d'avenir ? », *Études et recherches*, 15, novembre 2001.

Dans le même temps, la Convention qui a rédigé la Charte des droits fondamentaux a semblé ouvrir la voie à une nouvelle méthode pour élaborer des textes fondateurs. Dès le début, elle est apparue plus novatrice que la charte elle-même qui devait se limiter, d'après les conclusions du Conseil européen de Cologne, à un exposé explicite de droits déjà existants. Elle a ensuite passé avec succès l'épreuve des faits : réunis dans une même enceinte, représentants des gouvernements, des parlements nationaux, du Parlement européen et de la Commission européenne ont réussi à travailler ensemble. Ils ont rédigé, dans un style clair et dans les délais imposés [1], une charte qui réunit dans un même document droits politiques, droits sociaux, et même « nouveaux droits » (environnement, bioéthique...), complétant ainsi utilement la Convention européenne des droits de l'homme. Mieux, des représentants de la société civile ont pu suivre, et influencer, le travail de la Convention. Dernier signe en date de l'attrait de cette méthode : une nouvelle Convention va précéder la Conférence intergouvernementale prévue pour 2004 [2].

Le soutien croissant dont bénéficie l'idée de Constitution européenne incite à s'interroger sur le lien entre Convention et Constitution. S'agit-il d'une méthode qui pourrait conduire à l'élaboration d'une Constitution ? Offre-t-elle au contraire un moyen d'accroître le nombre des acteurs impliqués dans l'élaboration d'un texte fondateur et de favoriser l'émergence d'un débat public, sans

1. Après une première séance inaugurale le 17 décembre 1999, la Convention a vraiment commencé à travailler au début de l'année 2000 (la deuxième séance plénière a lieu le 1er février). Elle s'est interrompue durant le mois d'août et a finalement approuvé la Charte le 2 octobre 2000.

2. *Agence Europe*, 11 septembre 2001 ; 9 octobre 2001.

passer nécessairement par la rédaction d'une Constitution dont le principe et le contenu restent controversés ?

Pour pouvoir répondre à ces questions, il convient de mieux comprendre le fonctionnement, les atouts et les limites de cette nouvelle méthode en analysant l'expérience de la première Convention. L'objet de ce chapitre est précisément d'examiner le mandat qui a été confié à la Convention et la façon dont elle s'en est acquittée, la composition originale de l'enceinte et ses effets, les contacts qui ont été établis avec la société civile et, enfin, le processus de décision qui a prévalu au sein de la Convention.

Le mandat confié à la Convention a structuré ses travaux

Dès le mois de juin 1999, le Conseil européen de Cologne a défini le mandat de la Convention : établir une Charte des droits fondamentaux « afin d'ancrer leur importance exceptionnelle et leur portée de manière visible pour les citoyens de l'Union ». Les chefs d'État et de gouvernement ont même précisé les droits qui devraient, à leur « avis », figurer dans la charte : « les droits de liberté et d'égalité, ainsi que les droits de procédure tels que garantis par la Convention européenne de sauvegarde des droits de l'homme et des libertés fondamentales et tels qu'ils résultent des traditions constitutionnelles communes des États membres, en tant que principes généraux du droit communautaire », « les droits fondamentaux réservés aux citoyens de l'Union », et « des droits économiques et sociaux tels qu'énoncés dans la Charte sociale européenne et dans la Charte communautaire des droits sociaux fondamentaux des travailleurs (art. 136 TCE) dans la mesure où ils ne justifient pas uniquement des objectifs pour l'action de l'Union ».

Première source de légitimité de la Convention, le mandat a constitué un point de repère auquel il a été fait régulièrement référence. Dès la première réunion, le 17 décembre 1999, le président Roman Herzog s'y est implicitement référé pour encadrer le travail de l'enceinte. Il a rappelé que la tâche assignée à la Convention était d'élaborer un « catalogue » des droits fondamentaux et il a précisé qu'il ne faisait « aucun cas d'objectifs très ambitieux », comme par exemple l'élaboration d'une Constitution européenne [1].

Il n'a pas été le seul à agir de la sorte. Ainsi, le commissaire Antonio Vitorino, qui était personnellement favorable à une charte ambitieuse, incluant des droits sociaux et bénéficiant à la population la plus large possible, ne s'en est pas moins tenu au mandat en sa qualité de représentant de la Commission au sein de la Convention. Une des communications de la Commission a même précisé que la tâche de la Convention était « plus un travail de révélation que de création, plus un travail de compilation que d'innovation [2] ». S'agissant du contenu de la charte, il y était admis que certains droits, comme le droit au travail ou le droit à une rémunération équitable, qui avaient été au départ envisagés, ne pouvaient être repris dans la charte car ils ne fixaient « que des objectifs politiques [3] ». Tout au long de la Convention, Antonio Vitorino a régulièrement rappelé ce que prévoyait le droit de l'Union. Il semble avoir veillé à justifier la présence de

1. Discours prononcé par Roman Herzog lors de la première réunion de l'enceinte. Voir Charte 4105/00, BODY 1.

2. Charte 4477/00, Contrib 328. Il était également stipulé que la charte ne devait « pas céder à la tentation de la "nouveauté à tout prix" » et rester « dans le cadre fixé par le mandat de Cologne ».

3. *Ibid.*

la Commission en endossant un rôle de gardien du droit qui n'est pas sans rappeler celui qui incombe traditionnellement à cette institution. Le respect des conclusions de Cologne n'a pas été seulement le fait de quelques personnes isolées. Les membres de l'assemblée ont fréquemment cherché à justifier leurs propositions en faisant référence au mandat qui leur avait été confié. Cette attitude a d'ailleurs contribué à introduire une certaine discipline au sein de la Convention.

Il ne faudrait pas pour autant en déduire que le mandat de Cologne a toujours été scrupuleusement respecté. Tout d'abord, les ambiguïtés de ce même mandat autorisaient certains choix. Par exemple, la portée concrète de la demande à « prendre en considération » « des » droits économiques et sociaux, et à écarter ceux qui ne constitueraient que des « objectifs », n'était pas évidente, comme l'a souligné Guy Braibant, le représentant du chef de l'État et du gouvernement de la France à la Convention [1]. Notons ici que la Convention n'avait pas à trancher la question du statut juridique de la charte qui avait été laissée ouverte à Cologne, du fait notamment de l'hostilité du Royaume-Uni à un texte contraignant. Les chefs d'État et de gouvernement avaient renvoyé à plus tard la question de savoir si la charte serait intégrée dans les traités, mais elle a tout de même provoqué de nombreuses prises de positions au sein de la Convention.

Il est aussi arrivé que les membres de la Convention prennent délibérément certaines libertés avec les conclusions de Cologne. L'assemblée a même commencé ses travaux par un acte d'indépendance : à l'appellation peu flatteuse d'« enceinte » que lui avaient donnée les chefs

1. « Vers une Charte des droits fondamentaux de l'Union européenne », *Regards sur l'actualité*, 24, août 2000, p. 13.

d'État et de gouvernement, elle a substitué le terme, plus symbolique, de « Convention ». L'initiative est venue du Parlement européen. Un vote a montré qu'une large majorité y était favorable [1], même si les motivations des uns et des autres n'étaient pas tout à fait identiques. L'un des instigateurs de ce changement, le député européen Andrew Duff, s'est par exemple dit sensible à ce « petit goût révolutionnaire [2] », alors que le président Roman Herzog et le présidium ont simplement estimé que le nom de Convention était « davantage en accord avec l'importance et la nature du mandat confié à cet organe [3] ».

Surtout, le contenu de la charte déroge parfois au principe, qui se dégage des conclusions de Cologne, d'une codification à droit constant [4]. Ainsi l'article 3 de la charte sur le droit à l'intégrité humaine reprend certaines dispositions de la Convention du Conseil de l'Europe sur les droits de l'homme et la biomédecine qui n'est pourtant ratifiée que par un nombre limité d'États membres [5]. L'interdiction de la traite des êtres humains affirmée à l'article 5 ne s'appuie, quant à elle, sur aucun texte de droit positif de l'Union européenne qui soit en vigueur [6]. Enfin, l'article 9 sur le droit de se marier et le droit de

1. Charte 4134/00, Convent 6.

2. Document de travail du 7 décembre 1999, PE 232.397 ; *Agence Europe*, n° 7617, 17 décembre 1999.

3. Charte 4107/00, BODY 2.

4. Pour un des membres de la *task force* qui assistait la Convention, le mandat de Cologne n'était pas toujours clair sur ce point dans la mesure où il assignait à la Convention la tâche de révéler des droits « tels qu'ils résultent des traditions constitutionnelles communes des États membres », ce qui, d'après lui, laissait « une grande marge à la créativité », dans Gilles de Kerchove, *L'Initiative de la charte et le processus de son élaboration*, manuscrit.

5. Jacqueline Dutheil de la Rochère, *La Charte des droits fondamentaux de l'Union européenne*, Paris, Éditions du Juris-classeur (à paraître).

6. *Ibid.*

fonder une famille s'inspire de la Convention européenne des droits de l'homme mais sans reprendre la formule « l'homme et la femme », ce qui autorise des personnes du même sexe à fonder une famille [1].

Mais, dans l'ensemble, le mandat a été respecté, et il est possible d'en tirer deux enseignements pour l'avenir. Premièrement, le mandat a constitué pour les États membres, les décideurs en dernier ressort des demandes adressées à l'enceinte, un moyen de conserver un certain pouvoir sur le produit final de l'assemblée. Deuxièmement, le respect du mandat a conduit la Convention à réaliser essentiellement un travail de codification. Certes, les ambiguïtés de ce même mandat ont laissé une certaine marge de manœuvre aux membres de la Convention, qui, en outre, ont parfois fait le choix délibéré de s'en affranchir. Il reste que la première Convention a effectué un travail sans commune mesure avec la rédaction d'une Constitution.

En dépit de leur hétérogénéité, les acteurs de la Convention ont réussi à travailler ensemble

L'attrait de la méthode de la Convention tient d'abord au nombre des acteurs qu'elle permet d'impliquer. La première Convention a rassemblé dans une même enceinte représentants des États membres, de la Commission, du Parlement européen et des Parlements nationaux.

1. *Ibid.* La Convention européenne des droits de l'homme stipule qu'« à partir de l'âge nubile l'homme et la femme ont le droit de se marier et de fonder une famille selon les lois nationales régissant l'exercice de ce droit ». En vertu de la Charte des droits fondamentaux, « le droit de se marier et de fonder une famille sont garantis selon les lois nationales qui en régissent l'exercice ».

Le fait que la Convention soit parvenue à s'acquitter de son mandat tend à faire oublier que ce choix, plus empirique que rationnel, comportait le risque d'une hétérogénéité trop grande.

La composition de la Convention, arrêtée par le Conseil européen de Cologne en juin 1999, a résulté d'une série de compromis, plus que d'une décision rationnelle. Aucun des nombreux documents qui ont appelé à élaborer une Charte des droits fondamentaux avant la tenue de la Convention ne paraît avoir été directement à l'origine du choix de mêler représentants des États membres, des Parlements nationaux, du Parlement européen et de la Commission dans une même enceinte [1]. Au début de la présidence allemande, durant laquelle le projet de Convention s'est concrétisé, le ministre des Affaires étrangères Joschka Fischer n'envisageait lui-même qu'une assemblée parlementaire [2]. Deux options

1. Le rapport *Pour une Europe des droits civiques et sociaux*, rédigé par un comité des Sages sous la présidence de Maria Lourdes Pintasilgo, recommandait toutefois dès 1996 d'« engager un processus d'élaboration collective d'un catalogue moderne de droits et de devoirs civiques et sociaux ». Devaient notamment y participer le Parlement européen, la Commission, les Parlements nationaux et les gouvernements. Certains interlocuteurs ont également attiré notre attention sur un discours de François Mitterrand devant le Parlement européen en octobre 1989. Il y évoque le projet de réunir des « assises sur l'avenir de la Communauté » auxquelles participeraient, aux côtés des députés européens, des « délégations des parlements nationaux et les représentants de la Commission et des gouvernements » (*Débats du Parlement européen*, 25 octobre 1989, n° 3-382/163). Ce projet a donné lieu aux Assises de Rome qui toutefois ne comprenaient pas de représentants de gouvernements. Il est peu probable qu'il ait influencé, dix ans plus tard, les choix relatifs à la Convention.

2. Devant le Parlement européen, le 12 janvier 1999, il a indiqué que, selon lui, devraient « prendre part à la rédaction » d'une telle charte le Parlement européen et les Parlements nationaux, ainsi que « le plus grand nombre possible de groupes participant à la vie civile », Débats du Parlement européen, *Journal officiel des Communautés européennes*, 1999, Annexe, n° 4-531.

auraient ensuite été envisagées : premièrement, une enceinte composée seulement de parlementaires européens et nationaux, qui avait la préférence du gouvernement français ; deuxièmement, une enceinte comprenant, en outre, des représentants des États membres – formule qui avait la faveur du Royaume-Uni, du secrétariat général du Conseil et finalement de l'Allemagne. En définitive, c'est cette seconde option qui l'a emporté.

Au départ, il semble que l'on ait envisagé de cantonner la Commission à un rôle d'« observateur ». Mais par rapport aux autres observateurs que seront finalement la Cour de justice et le Conseil de l'Europe, la Commission a vraisemblablement disposé d'un atout pour assurer sa participation à part entière à la Convention : la présence de l'un des siens au CEREPER où a été évoquée cette question [1]. Notons qu'avant le Conseil européen de Tampere d'octobre 1999, la Commission a de nouveau réussi à renforcer son poids au sein de la Convention. Contrairement à ce qui était initialement prévu, il a été décidé à Tampere que le comité de rédaction de la Convention, appelé par la suite présidium, comprendrait non seulement des représentants des États membres, du Parlement européen et des Parlements nationaux mais aussi un « représentant de la Commission européenne ».

Quant aux « observateurs », ils pouvaient seulement prendre part aux débats de l'assemblée. L'absence de votes [2] a toutefois atténué la différence entre membres et observateurs de la Convention. Visiblement, tant la Cour

1. Lors d'un entretien avec l'auteur, le secrétaire général adjoint de la Commission, Bernhard Zepter, a quant à lui plutôt insisté sur le fait qu'il n'existait pas de réelle opposition à la participation de la Commission.

2. Sur la question des votes, voir partie IV.

de justice que le Conseil de l'Europe ont réellement influencé les travaux de l'enceinte. En revanche, la Convention ne comptait pas de représentant des pays candidats. Il a simplement été procédé à un « échange de vues » prévu par les conclusions de Tampere [1] qui s'est en fait limité à la lecture, par les pays candidats, de leurs contributions [2].

Tout comme le choix des institutions représentées, le nombre de représentants par composante, tel qu'il a été fixé par le Conseil européen de Tampere en octobre 1999, a fait l'objet de négociations. Ainsi, en réaction aux premiers textes de la présidence finlandaise qui prévoyaient moins de députés européens, le Parlement a demandé, dans une résolution du 16 septembre 1999, que « le nombre de membres du Parlement européen soit égal au nombre de représentants des chefs d'État et de gouvernement des États membres pour conférer une visibilité à l'égalité entre ces deux composantes [3] ». C'est précisément pour cette raison qu'au sein d'un CEREPER le représentant permanent de la France, Pierre de Boissieu, se serait opposé à une telle parité, quitte à ce que le nombre de députés européens soit supérieur. Le secrétariat du Conseil aurait alors proposé le chiffre de 16 députés européens, conscient que cela pourrait induire une autre parité, celle-là non évoquée au CEREPER : entre représentants des pouvoirs exécutifs (15 représentants des exécu-

1. Les conclusions du Conseil européen de Tampere prévoyaient d'organiser « un échange de vues approprié entre l'enceinte ou son président et les pays candidats ».

2. La journée d'auditions a eu lieu le 19 juin 2000 (voir *Agence Europe*, n° 7742, 22 juin 2000). Le Conseil des Affaires générales a décidé que la seconde Convention comprendrait des représentants des pays candidats en qualité d'« observateurs ». Voir *Agence Europe*, 8-9 octobre 2001.

3. PE 279.943/37.

tifs nationaux plus un représentant de la Commission) et législatifs européens [1].

Il n'était pas évident qu'une assemblée aussi hétérogène puisse travailler collectivement. D'ailleurs, d'emblée, les membres de la Convention sont apparus divisés sur plusieurs points essentiels : la marge de manœuvre dont ils disposaient par rapport à la Convention européenne des droits de l'homme ; la nature et l'étendue des compétences de l'Union européenne en matière de droits fondamentaux ; la question de savoir jusqu'à quel point la charte s'appliquait aux États membres ; et enfin le caractère contraignant, ou non, de la charte [2].

Il est vrai que la Convention était traversée par davantage de *lignes de clivage* qu'une CIG : aux clivages politiques et nationaux se sont ajoutés des clivages entre exécutifs et législatifs, d'une part, entre institutions européennes et nationales, d'autre part.

Par rapport aux autres acteurs de la Convention, chaque représentant personnel des gouvernements des États membres avait ainsi l'avantage de représenter, à lui seul, un des membres du Conseil européen qui allait décider, à l'unanimité, de l'avenir du projet de charte [3].

---

1. Le nombre de parlementaires nationaux a été fixé à 30, ce qui ne paraît pas avoir posé de problème pour deux raisons : d'une part, il paraissait assez logique de retenir l'option de deux parlementaires par État membre, l'un pour la Chambre basse, l'autre pour la Chambre haute ; d'autre part, il s'agissait d'un nombre assez élevé, faisant de la composante des parlementaires nationaux la plus importante en termes quantitatifs. Enfin, n'oublions pas que les parlementaires nationaux, éparpillés dans différentes assemblées, pouvaient difficilement adopter une position commune sur ce point.

2. Grainne de Burca, The Drafting of the EU Charter of Fundamental Rights », *European Law Review*, 26 (2), avril 2001.

3. Les conclusions du Conseil européen de Cologne avaient prévu que la Convention présenterait son projet au Conseil européen qui « proposera [it] » aux autres institutions européennes de « proclamer solennellement » la charte.

Le poids respectif de chaque État membre pouvait néanmoins introduire certaines différences. Ainsi lors de l'avant-dernière séance plénière de la Convention, le 26 septembre 2000, après s'être longuement opposé à certains aspects du projet final, le représentant britannique, Lord Goldsmith, a finalement annoncé qu'il ferait un « rapport extrêmement positif au Premier ministre » et qu'il espérait « vivement » que le Royaume-Uni donnerait son « accord [...] à ce texte [1] ». Chacun a ensuite pensé que la charte serait approuvée par la Convention et n'a pas vraiment prêté attention à l'intervention réservée de Michael O'Kennedy [2], le représentant du gouvernement irlandais, si ce n'est pour observer qu'il n'avait guère prévu ce « faux bond » britannique...

Le représentant allemand, Roman Herzog, était, quant à lui, dans une position singulière puisqu'il a été élu à la présidence de la Convention par cette dernière [3]. Il a de ce fait exercé une influence notable au début de la Convention. Nous l'avons dit, dès la première séance, Roman Herzog a fait allusion au mandat pour écarter toute idée de Constitution. Il est surtout à l'origine de la doctrine du « comme si » qui a encadré les travaux de la Convention. Vu l'incertitude qui entourait le statut juridique ultérieur de la charte, il convenait de la rédiger, a-t-il proposé,

1. Charte 4958/00, Convent 53.

2. *Ibid.*

3. Il n'était pas automatique que la présidence revienne à un des représentants personnels des chefs d'État et de gouvernement. Certes, une présidence tournante, similaire à celle des différents Conseils, avait été initialement envisagée. Mais, à la demande du chancelier Schröder lui-même, les chefs d'État et de gouvernement ont finalement convenu à Tampere que le président de l'enceinte serait directement élu par ses membres. Il était dès lors difficile qu'elle échappe à Roman Herzog que le gouvernement allemand avait déjà choisi de nommer pour le représenter. Sa double qualité d'ancien président de la République fédérale et de la Cour suprême de Karlsruhe en faisait un candidat sans réel concurrent.

« comme si » elle devait « acquérir un jour, dans un avenir relativement proche, un caractère contraignant » – un choix qui, comme il l'a lui-même indiqué, introduisait « une certaine discipline [1] ». C'est aussi Roman Herzog qui, le premier, a suggéré de diviser la charte en six chapitres, finalement intitulés « Dignité, Libertés, Égalité, Solidarité, Citoyenneté, Justice ». Enfin, concernant la prise de décision, il s'est prononcé en faveur de la règle du consensus [2] qui a finalement prévalu.

Mais des raisons personnelles l'ont ensuite obligé à s'absenter et la présidence de la Convention est devenue plus collégiale. Certes, il continuait à se tenir au courant des travaux de la Convention. D'après certains membres de l'assemblée, son éloignement physique a même pu renforcer son ascendant. Il est apparu comme un président tutélaire qui surveillait, de loin, le travail de ses « compagnons de route [3] ». D'ailleurs, en septembre 2000, c'est à lui que Lionel Jospin et Jacques Chirac ont fait part du refus français de toute référence à un « héritage religieux [4] ». Il n'en reste pas moins vrai qu'à partir du mois de juin, Roman Herzog n'a quasiment plus siégé à la Convention. N'ayant au départ pas de suppléant, il n'a pu être remplacé, si ce n'est par ses assistants [5]. Cela a sans conteste renforcé le rôle des vice-présidents et du présidium dans son ensemble.

Les atouts des députés européens étaient moins évidents au début de la Convention mais ils sont apparus

1. Charte 4105/00, BODY 1.
2. Charte 4147/00, Convent 11.
3. L'expression est tirée du discours qu'il a prononcé lors de la première réunion de la Convention. Voir Charte 4105/00, BODY 1.
4. Paris défend l'idée d'une Union européenne laïque (*Le Monde*, 27 septembre 2000).
5. Les conclusions du Conseil européen de Tampere ouvraient la possibilité de désigner des suppléants mais les membres titulaires ne l'ont pas tous fait.

clairement dans la dernière ligne droite des négociations. Ils se connaissaient, ont l'habitude de travailler ensemble et de se plier à une certaine « discipline » parlementaire. Ils pouvaient aussi se rencontrer facilement en dehors des réunions par composante prévues avant chaque session de la Convention. Ils avaient enfin l'avantage du « terrain ». Les conclusions du Conseil européen de Tampere avaient précisé que l'enceinte se réunirait « à Bruxelles, alternativement dans les locaux du Conseil et dans ceux du Parlement européen ». En raison des plus grandes facilités offertes par le Parlement européen, la Convention a fini par travailler exclusivement dans ses locaux, ce qui a grandement facilité la tâche des députés européens. L'ensemble de ces éléments explique, par exemple, qu'au début du mois de septembre, après une réunion de la délégation du Parlement européen, son président, I. Mendez de Vigo, ait pu arriver au présidium l'après-midi même, avec un document présentant clairement, en français et en anglais, les amendements demandés par les députés.

De son côté, la Commission avait l'avantage, et l'inconvénient, de n'avoir qu'un représentant : celui-ci n'a évidemment pas perdu de temps en concertation. Mais il est arrivé que la Commission ne soit représentée à certaines séances ni par le commissaire, ni par son suppléant [1]. Il semble néanmoins qu'en dépit d'un agenda chargé, le commissaire se soit arrangé pour être présent à la plupart des réunions.

Ce sont les parlementaires nationaux qui ont paru au départ les plus désavantagés pour plusieurs raisons. Tout d'abord, ils ont pu pâtir d'une des dispositions du Conseil

---

1. Au cours de la Convention, le suppléant de M. Vitorino, Carlo Trojan, a quitté son poste de secrétaire général de la Commission et il a été remplacé par David O'Sullivan.

européen de Cologne qui prévoyait que seuls le Parlement européen, la Commission et le Conseil proclameraient la charte [1]. Surtout, bien que plus importante en nombre, puisque chaque Parlement national était représenté par deux parlementaires, leur composante a souffert de défections. N'étant pas déchargés de leurs responsabilités nationales, les députés devaient en effet insérer dans leur emploi du temps des allers et retours fréquents à Bruxelles, d'autant plus prenants que leur assemblée et leur circonscription en étaient éloignées. En outre, contrairement à ce qui s'est produit pour les députés européens, les suppléants des parlementaires nationaux n'étaient généralement pas présents. Enfin, ces élus n'avaient pas l'habitude de travailler ensemble, ils n'étaient pas « chez eux » et ils ne disposaient pas d'un secrétariat commun. D'après un des Français présents, la première réunion de la délégation des parlementaires nationaux a démarré sans suffisamment d'interprètes, dans une certaine confusion.

En dépit de ces différences, et de leurs divergences d'opinion, les membres de la Convention ont réussi à s'entendre sur un texte final. Une des représentantes du Parlement européen, Pervenche Berès, n'hésite pas à parler à ce sujet d'« alchimie collective ». D'autres y voient plutôt une nouvelle illustration de ces compromis

1. Les dispositions exactes des conclusions de Cologne sont les suivantes : « Cette enceinte doit présenter un projet en temps utile avant le Conseil européen en décembre de l'an 2000. Le Conseil européen proposera au Parlement européen et à la Commission de proclamer solennellement, conjointement avec le Conseil, une Charte des droits fondamentaux de l'Union européenne sur la base dudit projet. Ensuite, il faudra examiner si et, le cas échéant, la manière dont la charte pourrait être intégrée dans les traités. » C'est seulement s'il avait été décidé de l'intégrer dans les traités que les parlementaires nationaux auraient retrouvé un pouvoir d'approbation finale au moment de la ratification des traités.

européens qui se font en dépit de divergences sérieuses [1]. Trois explications peuvent en tout cas être avancées.

En premier lieu, les organes exécutifs de la Convention – présidium et *task force* – ont joué un rôle central dans la rédaction du projet de charte. Nous le verrons plus loin, l'influence de ces acteurs a pu être jugée excessive, mais force est de reconnaître qu'ils ont facilité le travail de la Convention.

Les conclusions du Conseil européen de Tampere prévoyaient l'existence d'un comité de rédaction « composé du président, des vice-présidents et du représentant de la Commission ». Les vice-présidents étaient au nombre de trois, issus respectivement des représentants du Parlement européen, des Parlements nationaux et des gouvernements des États membres. Le comité de rédaction comptait donc au début le président Herzog, le vice-président Iñigo Mendez de Vigo choisi par le Parlement européen, le vice-président Gunnar Jansson élu par les députés nationaux et le représentant de la Finlande, vite remplacé par celui du Portugal qui exerçait la présidence au premier semestre 2000, Pedro Bacelar de Vasconcellos. Dès le départ s'y est ajouté le représentant français, Guy Braibant, qui n'aurait dû pourtant y siéger qu'à partir de juillet 2000, au moment où la France prenait la présidence de l'Union. Mais il a obtenu d'être présent au motif que cela faciliterait ensuite la coordination avec la présidence française [2]. Le commissaire Antonio Vitorino faisait également partie du présidium. Enfin, il ne faudrait pas oublier les membres de la *task force* [3]. Toujours d'après les conclusions de Tampere, le rôle de ce comité

1. Grainne de Burca, *op. cit.*

2. En contrepartie, le représentant portugais est resté dans le présidium durant toute la durée de la Convention.

3. Bien entendu, les assistants des uns et des autres participaient aussi aux réunions du présidium.

de rédaction était d'« élabore[r] un avant-projet de charte en tenant compte des propositions de texte soumises par tout membre de l'enceinte ». Assez rapidement, le nom de « présidium » s'est substitué à celui de comité de rédaction [1], et cet organe a conçu son rôle de façon large. Tout au long de la Convention, le présidium a produit une succession de textes qui tenaient compte des discussions en cours tout en les orientant.

Le présidium a rempli ce rôle avec le soutien d'une *task force*. Une petite équipe du Secrétariat général du Conseil a été en effet chargée du « secrétariat » de la Convention [2] – avec toute l'ambiguïté qui s'attache à ce terme. Elle en a certes assuré le secrétariat à proprement parler (réserver des salles, prévoir des interprètes, faire traduire les textes, alimenter le site Internet...). Mais elle en a aussi été la plume, une plume d'autant plus influente que la charte a été adoptée par consensus (voir plus loin). Cette *task force* a travaillé avec les deux autres *task forces* mises en place au Parlement européen et à la Commission [3]. Certes, la *task force* du Conseil est restée le rédacteur en dernier ressort, mais une véritable concer-

1. Au départ, le mot de « bureau » a été aussi parfois utilisé.

2. Les conclusions du Conseil européen de Tampere stipulaient que le « Secrétariat général du Conseil » assurerait « le secrétariat de l'enceinte ». D'après un document du Secrétariat général du Conseil, la *task force* « Projet de Charte » comprenait Jean-Paul Jacqué, en qualité de directeur, Margit Huy, son assistante, Gilles de Kerchove, Luis Manuel Teixeira Da Costa, Marta Arpio, Mauritz Enqvist et Nathalie Creste (les personnes sont citées dans l'ordre adopté par le document). Le professeur Meinhard Hilf en a fait partie pendant six mois pour des travaux de recherche.

3. Les conclusions du Conseil européen de Tampere précisaient que pour « garantir une bonne coordination », des « contacts étroits » seraient établis avec le secrétariat général du Parlement européen, de la Commission et « dans la mesure du possible » avec les secrétariats des Parlements nationaux. La *task force* du Parlement européen s'est mise en place autour de Jean-Guy Giraud et de Danièle Réchard, celle de la Commission autour de Gustaaf Borchardt.

tation s'est instaurée dès le départ. Par exemple, les *task force* du Conseil et du Parlement se sont partagées le travail de synthèse des amendements [1].

En second lieu, le succès de la Convention s'explique par l'intérêt que les participants ont porté à cette tâche : promus rédacteurs d'un texte fondateur européen, que nombre d'entre eux estimaient d'ordre constitutionnel [2], ils ont voulu collectivement faire la preuve de leur efficacité et montrer l'importance qu'ils accordaient à ce travail.

En troisième lieu, il semble que les délibérations intervenues au sein de la Convention ont fini par produire une forme de compréhension mutuelle, ce qui a facilité l'accord final [3]. La marge de manœuvre dont disposaient les acteurs de la Convention a certainement contribué à l'émergence d'un processus délibératif. Les parlementaires nationaux n'avaient guère d'instructions. En France, en tout cas, si les élus ont tenu leurs assemblées respectives informées des travaux de la Convention, ces séances n'ont pas abouti au vote de directives précises. S'agissant des députés européens, leur Parlement a certes adopté au cours de la Convention une résolution que les membres de la délégation ont été conviés à « défendre activement ». Elle recommandait par exemple l'inclusion de « droits fondamentaux tels que le droit d'association dans les syndicats et le droit de grève [4] ». Mais les députés européens

1. Charte 4360/00, Convent 37, Charte 4383/00, Convent 41.

2. Justus Schönlau, « Drafting Europe's Value Foundation : Deliberation and Arm-Twisting in Formulating the Preamble to the EU Charter of Fundamental Rights », contribution présentée lors d'un colloque à Oslo les 8 et 9 juin 2001 et disponible sur le site *www.arena.uio.no.* (« A large number of the Convention members seemed to be acutely aware of the "constitutionnal significance" of their undertaking »).

3. Justus Schönlau, *op. cit.* Cette idée est détaillée plus loin.

4. Résolution disponible sur le site du Parlement européen (*www.europarl.eu.int,* aller à la séance plénière du 16 mars 2000).

ne se sont pas sentis liés par ce document, qui de toute façon ne contenait pas de dispositions précises sur chacune des questions traitées au sein de la Convention.

Même les représentants personnels n'étaient pas tout à fait dans la même situation que des représentants d'un État membre au sein d'une conférence intergouvernementale. Certes, il a pu en aller différemment selon les pays et selon les moments. Ainsi, lors de la phase finale de l'élaboration de la charte, il semble que les liens entre chaque capitale et son représentant se soient resserrés. Certains estiment même que la composante des représentants personnels s'est alors apparentée à une « mini CIG ». Au début du mois de septembre, Lionel Jospin s'est rendu à Londres pour discuter avec Tony Blair des projets de la Convention. Les Britanniques auraient alors exigé que la charte reste une simple déclaration – une position qu'ils avaient défendue dès le départ. En contrepartie, les Français ont obtenu qu'elle comprenne explicitement le droit de grève. Restent deux différences fondamentales par rapport à une CIG. D'une part, les représentants des chefs d'État ou de gouvernement des États membres formaient un groupe beaucoup plus hétérogène, composé notamment de juristes et d'hommes politiques. D'autre part, ils n'avaient pas de mandat impératif à suivre. Ainsi, Guy Braibant a été en contact avec l'Élysée et Matignon de sorte qu'il pouvait connaître le sentiment des dirigeants français. Mais il affirme n'avoir reçu aucune instruction.

Enfin, même l'hétérogénéité de l'ensemble de l'assemblée s'est révélée être un facteur favorable aux débats. Devant la difficulté à faire siéger les participants par groupe politique [1], il a été décidé de les placer par ordre

1. Il était difficile de déterminer la place de représentants personnels sans coloration politique particulière ou, par exemple, de Guy Braibant désigné à la fois par un président de droite et un gouvernement socialiste.

alphabétique – décision qui a contribué à les « mêler » les uns aux autres et à éviter un dialogue « de composante à composante ».

En conclusion, par rapport à une conférence intergouvernementale, la Convention a permis d'élargir le cercle des acteurs engagés dans l'élaboration d'un texte fondateur. Cet accroissement du nombre des acteurs a eu des effets positifs. Tout d'abord, il est allé de pair avec la présence de représentants personnels dépourvus de mandat impératif. Cela a crédibilisé le travail de la Convention tout en permettant la discussion, voire l'évolution, des préférences des États membres. La volonté collective d'aboutir à un résultat l'a en effet emporté sur les divergences. La diversité et l'autonomie des acteurs ont finalement alimenté une dynamique de délibération. Aucune des personnes interrogées n'a regretté sa participation dans une aventure souvent présentée comme exceptionnelle, et qui fait parfois penser à l'arrivée de « sang neuf » dans une famille. Ce « quelque chose » qui s'est produit au sein de la Convention est sans conteste un élément qui l'a apparentée à une assemblée constituante.

La Convention a constitué un exemple réussi de dialogue avec la société civile

Il est un autre aspect qui a tranché avec la façon dont se déroulent les conférences intergouvernementales : l'existence de contacts divers entre membres de la Convention et ONG censées représenter la société civile. Inédits et imparfaits, ils ont été aussi inégaux selon les organisations. Mais ils sont allés au-delà de ce à quoi les membres de la Convention étaient tenus de faire [1] et ils se sont parfois traduits par l'émergence d'un véritable dialogue.

C'est finalement par le biais d'une ouverture relativement informelle que la Convention a le plus « entendu » la société civile. Certes, une tentative de concertation avec des réseaux d'ONG a d'abord eu lieu mais elle est restée isolée. Le 2 mars 2000, le présidium a réuni les représentants du Forum permanent de la société civile, de la Confédération européenne des syndicats, de la plate-forme des ONG européennes du secteur social et de la coordination « ONG-Droits fondamentaux [2] ». Plusieurs raisons pourraient expliquer que l'expérience n'ait pas été renouvelée : le manque de temps ; le discours très ambitieux des représentants des réseaux, en décalage avec le mandat de Cologne [3] ; ou encore le fait qu'ils aient plutôt privilégié les revendications sectorielles à la demande, en commun, de nouvelles rencontres de ce type.

1. Les conclusions du Conseil européen de Tampere n'étaient guère contraignantes. Il était seulement précisé que « d'autres instances, groupes sociaux et experts pouv [ai] ent être entendus par l'enceinte ». Ces dispositions paraissaient même en retrait par rapport aux conclusions approuvées à Cologne, où il était indiqué que les groupes sociaux *« devraient être entendus »*.

2. Charte 4148/00, Convent 12. Pour connaître les ONG membres du Forum permanent de la société civile, voir le site : *europa. eu. int/en/agenda/igc-home/instdoc/ngo/appel-or. htm* ; le site de la plate-forme des ONG du secteur social est : *www.socialplatform.org.* ; celui de la Confédération européenne des syndicats (CES) est : *www.etuc.org.*

3. Les représentants présents ont par exemple demandé l'inclusion des personnes en situation irrégulière dans les destinataires de la charte, ils ont évoqué la « marge d'action innovatrice » de la Convention en matière de droits sociaux, et ont enfin fait référence à la charte sociale révisée du Conseil de l'Europe qui n'était même pas encore signée par tous les États membres. Sur le plan des procédures, les ONG ont suggéré que les auditions soient l'occasion de présenter des amendements aux propositions de textes en discussion. Roman Herzog a conclu la rencontre en rappelant le « rôle premier » des membres de la Convention dans l'élaboration de la charte. Voir Charte 4148/00, Convent 12.

En outre, une journée d'auditions s'est tenue le 27 avril 2000. Toutes les ONG qui le souhaitaient ont pu y participer et elles ont été près de 70 à le faire [1]. Mais l'évaluation qu'elles ont faite de cette journée a été plutôt négative. Les deux critiques le plus souvent avancées ont visé, d'une part, le temps limité (cinq minutes) qui a été imparti à chaque intervenant pour s'exprimer [2] et, d'autre part, le caractère clairsemé de la Convention ce jour-là [3]. Ainsi, pour Pier Virgilio Dastoli, porte-parole du Forum permanent de la société civile, « les ONG parlaient aux ONG… » Tout en se réjouissant de la « convergence » des demandes de la plupart des ONG, Olivier Gerhard, qui a parlé au nom de la plate-forme des ONG européennes du secteur social, a regretté pour sa part que ceux qui auraient « dû le voir » n'aient pas été là. À ces critiques, les membres de la Convention ont essentiellement répondu qu'il était possible d'exprimer un point de vue en cinq minutes [4] et que les ONG pouvaient par ailleurs faire connaître leurs positions par l'intermédiaire de contributions écrites. Il est néanmoins certain qu'une audition ouverte à toutes les ONG et limitée à une journée n'offrait pas les conditions de véritables échanges de vues. Les représentants présents ont seulement eu le temps d'exposer tour à tour et rapidement leur point de vue.

Finalement, c'est surtout par le biais de deux autres

1. Une note de la *task force*, datée du 8 novembre 2000, fait état de 67 ONG. Le compte rendu de cette journée mentionne le chiffre de 70 ONG (Charte 4306/00, Convent 32).

2. Certains ont de surcroît désapprouvé que le temps imparti ait été le même pour toutes les associations, quelle qu'ait été leur importance.

3. Il est difficile de connaître précisément le chiffre des membres présents. Il semble que le présidium ait été présent de façon relativement constante. Quant aux députés européens, ils sont souvent « passés » au cours de la journée et ils ont pu y envoyer leurs assistants.

4. Les députés européens ont en particulier souligné que le temps moyen d'intervention au Parlement européen est souvent inférieur.

moyens que les ONG ont pu influencer le contenu de la charte : l'envoi de contributions écrites à une adresse e-mail ouverte à cet effet par la Convention ; l'établissement de contacts directs avec les membres de l'enceinte à la propre initiative des ONG. Nombre d'organisations ont en effet utilisé la possibilité qui leur était offerte de faire connaître leurs positions *via* des contributions écrites [1]. Elles en ont même profité pour présenter de véritables amendements. Pour être efficace, ce type d'ouverture à la société civile suppose néanmoins que les membres de la Convention aient la volonté, et le temps, de lire les documents adressés. Au vu des entretiens menés, il est apparu difficile pour un seul membre de la Convention de lire toutes les contributions [2]. Mais, d'une part, leurs assistants ont pu les aider dans cette tâche. D'autre part, il semble que se soit spontanément instaurée au sein de la Convention une forme de « division du travail » en fonction des intérêts de chacun, qui a pu assurer la lecture de la plupart des textes. Bien entendu, les représentants des ONG gagnaient à nouer parallèlement des contacts avec les membres de la Convention les plus sensibles à leur cause.

Ces contacts ont, certes, dépendu du réseau relationnel de chaque organisation. Par exemple, il est arrivé que des membres de la plate-forme des ONG du secteur social, qui connaissaient déjà certains députés européens, « travaillent » avec des parlementaires socialistes. Au cours de réunions communes à propos des droits sociaux, la dis-

1. D'après une note de la *task force* du 8 novembre 2000, il y a eu 255 contributions de la « société civile et des pays adhérents », contre 100 des membres de la Convention. Il est vrai que, contrairement aux premiers, les seconds pouvaient utiliser la « procédure d'amendements » pour influencer la charte et ils l'ont massivement fait (1 054 amendements).

2. Guy Braibant a affirmé, lors d'un séminaire interne de *Notre Europe* (3 avril 2001), avoir lu toutes les contributions sauf une, celle d'un psychiatre qui faisait 70 pages.

cussion a même porté sur la rédaction d'articles et la plate-forme a retrouvé certaines de ses propositions dans des amendements ultérieurs. Tout à la fin des négociations, Pervenche Berès, qui présidait la délégation des députés européens socialistes, a par exemple demandé l'introduction d'un nouvel article sur le droit des personnes âgées [1]. Grâce à des soutiens dans d'autres composantes, il a été ajouté *in extremis* [2]. Il reprend pratiquement mot pour mot une proposition de la plate-forme [3]. Il ne faudrait pas en déduire que les demandes de la plate-forme ont été exclusivement défendues par des députés de gauche. À la fin des négociations, Iñigo Mendez de Vigo, également vice-président de l'Intergroupe du Parlement européen « Quart Monde européen », aurait lui-même annoncé à Olivier Gerhard que la charte contenait finalement une référence à la lutte contre l'exclusion sociale et la pauvreté [4]. Quant au secrétaire général de la Confédération européenne des syndicats (CES), Emilio Gabaglio, il a pu s'entretenir directement avec les responsables qui exerçaient la présidence française de l'Union au second semestre de l'année 2000, y compris au plus haut niveau. Il leur a expliqué qu'en l'absence de dispositions explicites sur le droit de grève, sa Confédération « s'opposerait franchement à cette charte [5] » – menace

1. *Agence Europe*, n° 7804, 22 septembre 2000.
2. *Agence Europe*, n° 7807, 27 septembre 2000.
3. La plate-forme a demandé l'inclusion du « droit des personnes âgées à une existence décente et indépendante, et à une pleine participation de la vie publique, sociale et culturelle », Charte 4492/00, Contrib 342. L'article 25 de la charte stipule que « l'Union reconnaît et respecte le droit des personnes âgées à mener une vie digne et indépendante et à participer à la vie sociale et culturelle ».
4. L'expression « Afin de lutter contre l'exclusion sociale et la pauvreté » a été ajoutée au début du troisième paragraphe de l'article 34 sur la sécurité sociale et l'aide sociale.
5. *L'Humanité*, 6 décembre 2000.

qui semble avoir eu son importance au vu des dispositions finales de la charte [1].

Les contacts entre société civile et Convention ont, de toute façon, été favorisés par la composition et la transparence de l'enceinte. D'une part, de par sa composition même, il s'est agi d'une assemblée plus proche de la société qu'une CIG. Elle en était tout d'abord un meilleur reflet. Les femmes y étaient par exemple beaucoup plus nombreuses, tout en restant encore largement minoritaires [2]. Cette diversité en a fait, en outre, une assemblée plus accessible. Celles des ONG qui n'ont pas d'accès privilégié aux membres des gouvernements nationaux pouvaient là se tourner vers les élus ou même les universitaires de la Convention. Pour les autres, l'hétérogénéité de l'enceinte a pu en revanche accroître le nombre de personnes à convaincre. D'autre part, l'ouverture des séances de la Convention au public a, elle aussi, facilité les contacts entre Convention et société civile. Lorsque les réunions se tenaient au Parlement européen, les salles étaient même assez grandes pour que le public puisse s'asseoir juste derrière la dernière rangée occupée par les membres de la Convention [3].

De façon plus générale, la transparence à la fois des documents de la Convention (disponibles sur Internet) et de ses délibérations ont accru l'influence des ONG. Fortes

1. L'article 28 de la charte stipule que « les travailleurs et les employeurs, ou leurs organisations respectives, ont, conformément au droit communautaire et aux législations et pratiques nationales, le droit […] de recourir, en cas de conflits d'intérêts, à des actions collectives pour la défense de leurs intérêts, y compris la grève ».

2. 15 % des membres titulaires de la Convention étaient des femmes.

3. En revanche, lorsque les séances se tenaient au Conseil, les représentants d'ONG devaient suivre les débats depuis une autre salle. Mais la majorité des réunions s'est déroulée dans les locaux du Parlement européen.

de leur connaissance des débats en cours, certaines ONG ont en effet adapté leurs revendications. Ainsi, la plate-forme des ONG du secteur social avait initialement revendiqué des droits « programmatiques » (par lesquels l'Union européenne « s'engage » à prendre telle ou telle mesure pour assurer la mise en œuvre d'un principe). Au vu des nombreuses références faites au sein de la Convention au mandat de Cologne, qui prévoyait une simple codification des droits existants, les responsables de la plate-forme ont compris qu'ils seraient plus influents s'ils se concentraient sur la demande de droits « directement justiciables ».

De leur côté, les ONG ont cherché à renforcer leur influence sur la Convention en menant des actions communes. Par exemple, à l'initiative du forum permanent de la société civile, une « journée portes ouvertes », qui comprenait la mise en place d'une vingtaine de « stands » d'ONG, a eu lieu au Parlement européen, le 6 juin 2000 [1]. La Confédération européenne des syndicats (CES) et la plate-forme des ONG du secteur social ont organisé conjointement une série de manifestations dans tous les États membres qui ont culminé avec la tenue, le 31 août et le 1er septembre 2000, d'une conférence à Bruxelles [2]. Ce type de démarche a certes été contrecarré par la propension de chaque association à se concentrer sur ses propres revendications. Finalement, actions collectives et isolées ont coexisté.

---

1. *Agence Europe*, n° 7730, 3 juin 2000. Toujours à l'initiative du Forum, une « déclaration commune » a été rédigée et soumise à la signature des organisations auditionnées le 27 avril. Voir *Agence Europe*, n° 7705, 27 avril 2000. À la fin du premier semestre 2000, un questionnaire a été envoyé à toutes les ONG du Forum pour mieux connaître leurs positions sur différents projets d'articles. Près de la moitié d'entre elles ont répondu, ce qui a permis de faire connaître à la Convention les demandes concordantes.

2. *Agence Europe*, n° 7786, 29 août 2000.

Il convient pour finir de préciser que, contrairement à ce que certains exemples précités pourraient laisser penser, ce ne sont pas seulement les fédérations basées à Bruxelles qui ont été « entendues » par la Convention. Certes, le présidium lui-même avait fait le choix de se concentrer sur les « fédérations opérant au niveau européen » et il avait recommandé « l'organisation, au niveau national, d'auditions de tous les organes, ONG, associations ou instances compétentes [1] ». Il revenait donc aux représentants nationaux, comme d'ailleurs aux fédérations européennes, de faire « remonter » les demandes des ONG nationales. Il en a été différemment d'un pays à l'autre. Il semble par exemple que les représentants français aient entendu qui le souhaitait mais qu'ils n'aient rien entrepris de particulier en direction des ONG. Les deux parlementaires nationaux se sont davantage attachés à informer leur assemblée respective [2].

Il est également vrai – et c'est là un deuxième élément qui a favorisé les fédérations européennes –, que la rapidité avec laquelle la Convention a travaillé a pu pénaliser certaines ONG nationales. Pour peu qu'elles aient mis un peu de temps à comprendre l'intérêt de la Convention, il leur était ensuite difficile de suivre un processus qui s'appuyait sur des textes sans cesse renouvelés. Ainsi, en mai et juin 2000, le Lobby européen des femmes a envoyé deux projets de position à ses membres sans recueillir de réactions précises. Le plus grand nombre de

1. Charte 4107/00, BODY 2.

2. Voir les documents produits par les deux assemblées, « Vers une Charte des droits fondamentaux de l'Union européenne », *Les Documents d'information de l'Assemblée nationale,* 16, 2000 ; « Colloque La Charte des droits fondamentaux de l'Union européenne », *DIAN,* 37, 2000 ; « La Charte des droits fondamentaux de l'Union européenne », *DIAN,* 59, 2000 ; « L'élaboration d'une Charte des droits fondamentaux », *Les rapports du Sénat*, 395, 1999-2000.

commentaires que la responsable du dossier a reçu en réponse à l'envoi, un an plus tard, d'une « lecture critique de la charte » incite à penser qu'un certain temps a été nécessaire à une prise de conscience – temps d'autant plus long que l'information de départ était faible [1].

Pour autant, il s'est trouvé d'importantes fédérations, basées à Bruxelles, qui n'ont pas été entendues et des organisations plus modestes qui ont pesé sur le contenu de la charte. Par exemple, alors que les ONG de ce secteur sont plutôt réputées pour leur dynamisme, le Bureau européen de l'environnement n'est pas apparu très influent. D'après le rapporteur du Forum permanent de la société civile, ces organisations ont commencé à agir « bien avant » la Convention et les dispositions des traités de Maastricht et d'Amsterdam avaient déjà répondu à la majeure partie de leurs demandes. L'idée d'une codification des droits était donc de nature à les rassurer et leurs revendications étaient limitées [2]. Dans le même temps, certains membres à l'intérieur de la Convention ont « contesté » l'idée d'un droit à l'environnement. Il en est résulté un article que certains considèrent comme relativement pauvre et une charte qui a « mauvaise presse » auprès des défenseurs de l'environnement [3].

À l'inverse, certaines associations plus modestes ont obtenu gain de cause. Le droit à l'objection de conscience

1. Document du LEF daté du 6 juin 2000, intitulé « Lecture critique de la charte, projet de publication de la plate-forme, contribution du LEF ».

2. Sur le site du Conseil, il se trouve une seule contribution relative à l'environnement : une contribution du Conseil européen du droit à l'environnement qui comprend une résolution adoptée le 22 septembre et présentée le 26 septembre, jour de l'avant-dernière séance de la Convention…

3. Pour Guy Braibant, c'est même l'article « le plus faible de la charte » car « il ne dit rien » (intervention à un séminaire interne de *Notre Europe*, 3 avril 2001).

ne figurait par exemple ni dans le projet initial de la *task force*, ni dans le projet de juillet. Le présidium aurait redouté que cela pose problème, en particulier au Royaume-Uni, où le service militaire obligatoire n'existe pas. À la suite de nombreux e-mails, il a néanmoins été inclus dans le projet du 14 septembre et cela n'a finalement pas suscité d'opposition. Il ne faudrait pas pour autant en conclure qu'il suffisait d'envoyer des e-mails pour obtenir satisfaction. Les défenseurs des droits des animaux l'ont également fait, mais sans succès.

L'exemple de l'Association des femmes de l'Europe méridionale (AFEM) montre comment, en utilisant judicieusement tous les moyens mis à sa disposition, une ONG relativement modeste pouvait s'avérer influente. Certes, il ne s'agit pas d'une organisation nationale puisqu'elle couvre cinq pays (Espagne, France, Grèce, Italie, Portugal). Mais, contrairement au Lobby européen des femmes, l'AFEM n'est pas non plus une fédération européenne [1]. Or, en dépit de moyens qui nous sont apparus bien moindres, l'AFEM a souvent paru plus active. Tout d'abord, l'association a réagi très vite. En effet, en 1998, lors de la célébration du cinquantenaire de la Déclaration universelle des droits de l'homme, Micheline Galabert, cofondatrice de l'association, avait été frappée du peu de cas qui avait été fait de la violation des droits des femmes de par le monde. Dès qu'elle a entendu parler du projet de charte, elle y a vu une occasion d'agir. En janvier 2000, le conseil d'administration de l'AFEM réuni à Paris avait déjà adopté une déclaration sur la Charte des droits fondamentaux qui a été envoyée à la Convention [2].

1. Le Lobby européen des femmes regroupe des coordinations nationales et des organisations européennes présentes dans minimum sept pays. L'AFEM n'en couvrant que cinq, elle est seulement membre associé du LEF. *(www.womenlobby.org)*

2. Charte 4120/00, Contrib 16.

Une jeune juriste grecque de l'association, Sophia Spiliotopoulos, a ensuite pris « l'affaire en main ». Dès le mois de mars, l'AFEM a fait parvenir une deuxième contribution beaucoup plus complète [1]. Ainsi que des membres de la Convention leur avaient conseillé, les femmes de l'association y ont inséré de véritables propositions d'articles qui s'appuyaient sur des textes juridiques existants. Le même mois, l'association a organisé un colloque à Strasbourg, auquel elle a invité des membres de la Convention. Micheline Galabert n'a pas non plus hésité à appeler à plusieurs reprises Guy Braibant, qui s'est décrit quasiment « harcelé »... Sa suppléante Jacqueline Dutheil de la Rochère estime pour sa part avoir reçu une « leçon de lobbying » !

Toutes ces actions ne sont pas indifférentes à ce que la version finale de la charte contienne non seulement un article sur la non-discrimination mais aussi un article spécifique sur l'« égalité entre hommes et femmes ». Surtout, cet article ne se limite pas à assurer l'égalité hommes-femmes en matière d'emploi et de travail, comme c'était le cas dans le projet de juillet [2], mais il le fait dans « tous les domaines ». Enfin, la majeure partie de la charte est rédigée dans un langage neutre du point de vue du genre [3].

---

1. Charte 4157/00 ADD 1, Contrib 42. La contribution visait en particulier à faire comprendre en quoi les discriminations en raison du sexe étaient « d'une nature particulière » et combien elles affectaient les femmes qui ne sont « pas une minorité » mais « plus que la moitié de la population européenne ». D'où la demande d'un article spécifique sur l'égalité hommes-femmes.

2. Dans le projet de juillet, l'article stipulait que « l'égalité des chances et de traitement entre les hommes et les femmes en matière d'emploi et de travail, y compris l'égalité de rémunération pour un même travail ou pour un travail de valeur égale doit être assurée », Charte 4422/00, Convent 45.

3. Dans le chapitre IV « solidarité », le présidium a toutefois laissé les termes de « travailleur » ou d'« employeur » (cf. articles 27, 28, 30 et 31).

Ces dispositions ne sont évidemment pas le résultat des seules actions de l'AFEM. L'expérience a montré l'importance des « coalitions de soutien ». Les efforts de l'AFEM ont ainsi rencontré ceux du Lobby européen de femmes (LEF). Destinée à un plus grand public que celle de l'AFEM, la première contribution du LEF a souligné, à juste raison, les effets du faible nombre de femmes présentes à la Convention, sans parler du présidium qui n'en comptait aucune parmi ses titulaires... Devant les limites du projet de juillet, le LEF a publié un communiqué de presse très critique, intitulé « les femmes exclues de la Charte des droits fondamentaux : lacunes et langage sexiste [1] ». Si certains (hommes) l'ont trouvé agressif, il a certainement attiré l'attention, en particulier sur la contribution du Lobby qui a suivi [2]. En outre, la présence de femmes au sein de la Convention a été précieuse pour relayer ces revendications. Par exemple, le 31 août, seize femmes membres de l'enceinte ont écrit au président et aux vice-présidents pour demander les mêmes changements : que le langage de la charte ne soit pas « discriminatoire » ; que l'article spécifique sur l'égalité entre hommes et femmes s'applique « à tous les domaines ».

En conclusion, trois enseignements peuvent être tirés de cette première expérience. Premièrement, sans pour autant comprendre des représentants d'ONG, la Convention a réussi à travailler avec certaines de ces organisations. Le caractère largement informel de l'ouverture à la société civile a favorisé les ONG les plus actives, plutôt que les plus « établies ». Deuxièmement, l'influence est revenue à ceux et celles qui ont su « coaliser » autour de leurs revendications des soutiens venus à la fois de la

1. Charte 4439/00, Contrib 293.

2. *Agence Europe*, n° 7775, 9 août 2000 ; Charte 4461/00, Contrib 315.

Convention et de la société civile. Nombre des modifications apportées au premier projet complet de juillet ont été acquises de la sorte. Troisième et dernier enseignement : le terme de « société civile » ne doit pas induire en erreur. Les citoyens européens n'ont pas massivement participé à cet exercice et certains évoquent avec justesse le rôle d'« élites associatives ».

À l'avenir, plusieurs moyens pourraient être envisagés pour accroître l'influence des Européens eux-mêmes. Il apparaît tout d'abord souhaitable de donner aux citoyens la capacité de s'exprimer en favorisant la « mise en commun du savoir » – une des conditions qui, selon Habermas, est nécessaire à l'émergence d'un espace public. Par exemple, des études qui lui serviraient de base de travail, ou les projets de la nouvelle Convention pourraient être discutés dans le cadre des débats nationaux sur l'avenir de l'Union [1]. Un autre moyen consisterait à renforcer le pouvoir des citoyens européens en en faisant un « approbateur final » grâce à la tenue d'un référendum en fin de parcours. Le problème soulevé par cette option est que les États membres entendent rester maîtres des processus de ratification. Mais on peut se demander si après avoir ouvert la phase de l'élaboration du texte à l'influence des citoyens, il est envisageable d'en réserver celle de l'approbation aux seuls Parlements nationaux.

1. Cette proposition s'inspire d'un projet du CAFECS (Carrefour pour une Europe civique et sociale) dont le principe est que des livres verts « faisant le point des questions qui se posent » soient élaborés par la Commission et fassent ensuite l'objet de débats dans les États membres et les pays candidats (voir *La Croix*, 22 mars 2001).

Les méthodes de travail de la Convention ont été plus controversées

Au sein de la Convention, le processus de décision a pris la forme d'une « recherche itérative du consensus » qui a fait l'objet d'appréciations contrastées. Si la charte a pu effectivement être adoptée par consensus dans les délais impartis, ce mode de décision a, dans certaines limites, pesé sur la transparence de l'exercice et avantagé certains acteurs.

Revenons tout d'abord sur deux raisons qui ont milité pour la recherche du consensus : le manque de temps et la difficulté à voter. En effet, débattre des modalités de vote risquait, en premier lieu, de retarder le démarrage de la Convention. Les règles de vote proposées par deux députés européens, Andrew Duff et Johannes Voggenhuber, n'ont donc pas été vraiment discutées [1]. Plus généralement, la Convention n'a pas adopté de règlement intérieur, ce qui n'a pas toujours favorisé la lisibilité du processus de décision. Quelques règles ont néanmoins été fixées, en sus des modalités pratiques prévues par le Conseil européen de Tampere [2]. D'une part, les suppléants ont été autorisés à participer à toutes les séances de la Convention mais avec un droit de parole seulement lors des séances informelles [3]. Le fait que ces séances informelles ont été les plus nombreuses et qu'il n'a pas été procédé à des votes pour adopter le projet de charte a donc doté les suppléants d'un pouvoir d'influence non négligeable. D'autre part, le temps de parole a été limité à

1. *Agence Europe*, n° 7644, 29 janvier 2000.
2. Les conclusions du Conseil européen de Tampere prévoyaient la tenue des réunions à Bruxelles, et l'application du *« régime linguistique intégral »* pour les réunions de l'enceinte.
3. Charte 4134/00, Convent 6.

trois minutes par intervenant (disposition qui a été en fait peu respectée) [1]. Enfin, il a été décidé que seuls les membres de la Convention pourraient déposer des amendements.

Toujours en partie à cause du manque de temps, il n'a pas été constitué de groupes de travail où il aurait pu être plus facile de voter. Le Conseil européen de Tampere envisageait pourtant la constitution de « groupes de travail *ad hoc* ». L'idée de créer trois groupes de travail (droits civils/droits du citoyen/droits économiques et sociaux) a même été évoquée dès la première réunion de la Convention. Mais la discussion n'a pas été conclusive [2]. Finalement, devant la difficulté à répartir les droits fondamentaux entre différents groupes de travail et pour permettre à chacun de participer autant qu'il le souhaitait aux travaux de la Convention, il a été décidé, sur proposition du présidium, que l'assemblée plénière se réunirait elle-même « en tant que groupe de travail » auquel chaque membre de l'enceinte était libre de participer « en fonction de ses centres d'intérêt et/ou de ses compétences propres [3] ». C'est pourquoi certaines séances de la Convention ont été qualifiées de « groupes de travail » ou de « séances informelles ».

Un deuxième élément a confirmé les vues de ceux qui estimaient que le consensus était plus adapté à une assemblée hétérogène, non exclusivement parlementaire : l'expérience, peu concluante, des quelques votes qui sont intervenus sur le contenu de la charte. Certes, les premiers votes relatifs au changement de nom de l'assemblée et aux règles de participation des suppléants n'ont

---

1. Charte 4148/00, Convent 12 ; Charte 4154/00, Convent 14.

2. Roman Herzog a en particulier souligné que le mandat indiquait plutôt cinq thèmes : la liberté, l'égalité, les droits économiques et sociaux, la procédure et les droits des citoyens, Charte 4105/00, BODY 1.

3. Charte 4107/00, BODY 2 ; Charte 4134/00, Convent 6.

pas soulevé de problèmes particuliers [1]. Il n'en a pas été de même quand il s'est agi de voter sur le texte de la charte. Il semble qu'un vote ait été tenté sur les premiers articles de la charte. L'épisode aurait eu lieu en mars, lors de la troisième réunion plénière de la Convention présidée, en l'absence de Roman Herzog, par un parlementaire habitué aux votes, Iñigo Mendez de Vigo. D'après ses propres termes, cette tentative s'est révélée « catastrophique ». Tout d'abord, à cause de problèmes de traduction, les membres de la Convention n'ont eu connaissance que tardivement des nombreux amendements déposés. Il était dès lors difficile de voter sur chacun d'entre eux mais il n'était pas non plus satisfaisant de se prononcer uniquement sur les projets d'articles proposés par le présidium. Plus généralement, les membres de la Convention n'ont pas toujours compris sur quoi l'on votait et les votes ont été très partagés. Comme l'a résumé plus tard Guy Braibant : « Nous avons essayé une fois de voter, cela n'a pas été un grand succès et nous n'avons pas recommencé parce qu'il y avait de la confusion sur le sens du vote et l'objet du vote [2]. » Sans surprise, le compte rendu officiel de la réunion a ensuite précisé que les propositions d'amendements n'étaient « pas destinées à être soumises à examen ou à vote » mais qu'elles devaient « servir de base au présidium réuni en comité de rédaction pour la version définitive du projet de

1. Le changement de dénomination de l'assemblée figurait à l'ordre du jour de la deuxième réunion, les 1er et 2 février 2000. Le député européen Georges Berthu, élu français de l'Union pour l'Europe des nations, s'y est opposé au motif que le mandat du Conseil européen de Cologne parlait d'une « enceinte » et il a demandé qu'il soit procédé à un vote. Le nom de « Convention » a été adopté à une large majorité, Charte 4107/00, BODY 2 ; Charte 4134/00, Convent 6, *Agence Europe*, n° 7647, 3 février 2000.

2. Charte 4959/00, Convent 54.

charte, celle-ci devant être soumise ultérieurement à la Convention [1] ».

Était ainsi défini le processus de recherche itérative du consensus qui a dès lors prévalu jusqu'à la fin de la Convention. Le présidium faisait des propositions à la Convention qui en discutait ; au vu de ces discussions, le présidium faisait de nouvelles propositions… et ainsi de suite jusqu'à ce que les dispositions de la charte ne soulèvent pas, ou peu, d'opposition. Ce « peu d'opposition » n'a jamais été clairement défini. Il était seulement entendu que le niveau de consensus requis se situait entre l'unanimité et la majorité. Dans la pratique, à la fin du mois de septembre, il a été considéré comme atteint lorsque seuls trois députés européens (le Français Georges Berthu, le Danois Jean-Peter Bonde et l'Autrichien Hans-Peter Martin) ont manifesté leur opposition au texte final au sein de la délégation du Parlement européen. M. Martin étant rapidement revenu sur sa position, les opposants au texte étaient relativement « marginaux » au Parlement européen [2]. Dans une lettre au président Jacques Chirac, Roman Herzog a d'ailleurs indiqué que le projet de charte avait été adopté à la « quasi-unanimité [3] ».

Trois éléments peuvent être portés à l'actif de ce mode de décision. En premier lieu, il a tout simplement réussi. En dépit des divergences évoquées plus haut, il a permis d'aboutir, en un temps limité, à la rédaction d'une charte

1. Charte 4212/00, Convent 24.

2. Georges Berthu appartenait au groupe Union pour l'Europe des nations présidé par Charles Pasqua et Jens-Peter Bonde au Groupe pour l'Europe des démocraties et des différences. Le 2 octobre 2000, la Convention s'est réunie une dernière fois pour proclamer la charte. MM. Berthu et Bonde ont manifesté à nouveau leur opposition en refusant de se lever lorsque l'hymne européen a retenti.

3. Charte 4960/00, Convent 55.

acceptable pour la quasi-totalité des membres de la Convention, y compris pour les plus « allants » d'entre eux. Il faut en effet souligner ici que les projets du présidium ne reflétaient pas forcément le plus petit dénominateur commun mais pouvaient au contraire faire preuve d'ambition.

En second lieu, la décision par consensus a renforcé la légitimité de la charte. On peut remarquer à ce sujet qu'au Conseil européen de Biarritz, les chefs d'État et de gouvernement n'ont pas amendé le projet de charte qui leur avait été transmis. Il est vrai qu'ils étaient alors probablement plus préoccupés par le déroulement de la Conférence intergouvernementale et qu'il a vite été entendu que la charte n'aurait pas de caractère contraignant. Pour certains, il aurait été en tout cas « quasiment impensable » que le Conseil européen modifie la charte sans consulter à nouveau la Convention.

En troisième et dernier lieu, le refus de recourir au vote a laissé plus de temps aux débats et à l'échange d'arguments – toutes choses qui ont favorisé la naissance d'un dialogue entre membres de la Convention, voire d'une forme de compréhension mutuelle. Ainsi, lors des premières discussions relatives au préambule, un projet proposé par Lord Goldsmith, en juillet 2000, faisait référence à « certains principes, en particulier dans le champ de la protection sociale qui sont communs aux États membres [1] ». D'aucuns considèrent que ce document révélait un changement des positions britanniques [2]. Jusque-là, s'agissant des droits sociaux, Lord Goldsmith avait soutenu que les « objectifs » d'une politique différaient de « droits existants » et qu'ils n'avaient pas leur place dans la charte – objectifs dans lesquels il incluait

1. Cet exemple est tiré de Justus Schönlau, contribution citée.
2. *Ibid.*

par exemple le droit à l'information et la consultation des travailleurs. Ce changement reflétait sans doute la volonté britannique de contrer des demandes plus ambitieuses et le souci de ne pas donner l'image d'un Royaume-Uni hermétique aux droits sociaux. Mais on peut aussi y voir le résultat d'un processus de discussion des arguments d'autrui. Guy Braibant s'est par exemple attaché à discuter régulièrement les positions de Lord Goldsmith [1].

La recherche du consensus a eu en revanche deux inconvénients. Le premier a été de rendre certains « plus égaux que d'autres ». Tout d'abord, l'influence du présidium s'en est trouvée considérablement renforcée. Une suite d'interventions au sein d'une vaste assemblée dessine rarement une position claire. Or, il revenait au présidium d'en faire la synthèse et d'en tirer des articles précis pour la charte. La marge de manœuvre dont il disposait peut être illustrée par l'exemple du service public. En séance plénière, tous ne se sont pas exprimés sur le sujet et ceux qui l'ont fait se sont partagés à peu près équitablement entre partisans et opposants de ce concept. De l'avis général, sans l'insistance de Guy Braibant au présidium, il est fort probable que la charte ne contiendrait pas d'article sur le « service d'intérêt économique général ». D'ailleurs, la rédaction même de l'article, qui n'évoque que l'« accès au service d'intérêt économique général », et reprend la formule prudente « reconnaît et respecte », témoigne des obstacles auxquels s'est heurté le représentant français [2].

---

1. Lors de la séance des 20 et 21 mars, la première intervention de Guy Braibant commence par la phrase : « Je voudrais répondre à Lord Goldsmith pour lui dire que… » ; sa deuxième intervention se produit juste après celle de Lord Goldsmith et il se dit « ennuyé par la dernière intervention de Lord Goldsmith » ; lors de sa troisième intervention, il reconnaît rejoindre « sans doute » Lord Goldsmith sur un point…, Charte 4218/00, Convent 25.

2. Jacqueline Dutheil de la Rochère, *op. cit.*

Les premiers projets de préambule illustrent, quant à eux, le sentiment d'arbitraire qu'ont pu éprouver les membres de la Convention face aux choix du présidium. Le projet de charte du 28 juillet comprenait certaines des modifications suggérées lors d'une précédente discussion [1] mais laissait, en revanche, inchangée la formule « les peuples européens » (*peoples of Europe*) en dépit des nombreuses interventions en faveur d'un changement. Il est vrai qu'elles n'étaient pas toujours concordantes mais pas moins de trente membres s'étaient prononcés en ce sens [2].

Il en est également résulté un renforcement de la *task force*. Ce sont en effet les fonctionnaires de la *task force* qui, au vu des débats de la Convention, ont rédigé les projets successifs de la charte. Ils ont donc contrôlé les « inputs » et les « outputs » de la Convention. Le privilège du présidium était finalement d'avoir la primeur de ces projets et d'être en contact direct, régulier avec les rédacteurs du texte. La comparaison entre le premier projet de liste des droits fondamentaux rédigé par la *task*

---

1. Justus Schönlau, contibution citée. Le premier projet de préambule a été discuté le 19 juillet 2000. Il commençait par : « Les peuples européens ont établi entre eux une union sans cesse plus étroite et partagent désormais le même destin », Charte 4400/00, Convent 43. Le premier projet complet de charte du 28 juillet s'ouvrait par la phrase « les peuples européens ont établi entre eux une union sans cesse plus étroite et ont décidé de partager un avenir pacifique fondé sur des valeurs communes », Charte 4422/00, Convent 45. La nouvelle référence à « des valeurs communes » résulterait des interventions de Peter Mombaur, Jürgen Meyer, Catherine Lalumière et Peter Altmaier en faveur de l'idée d'une « communauté de valeurs ».

2. Justus Schönlau, contribution citée. Jo Leinen a, par exemple, proposé « le peuple européen » tandis que Gabriel Cisneros a plaidé pour une prise en compte du rôle des États membres (« les citoyens des États membres »). Andrew Duff aurait enfin souhaité que la double légitimité sur laquelle repose l'Union (des États et des peuples) apparaisse plus clairement dans le préambule (« les peuples de l'Union européenne et des États membres »).

force et la version finale de la charte illustre son influence [1]. Seuls cinq droits ne figuraient pas à un titre ou à un autre dans le premier projet (la liberté d'entreprise, l'accès au service d'intérêt économique général, le respect de la diversité culturelle, religieuse et linguistique, le droit à l'objection de conscience et la protection en cas de licenciement injustifié). Si l'on considère que les articles sur les droits des personnes âgées et sur le droit à une bonne administration, ainsi que les paragraphes sur la liberté des médias et sur les droits des enfants à avoir des contacts avec les deux parents vont vraiment au-delà respectivement du droit à une pension, du droit à s'adresser à l'Union, des articles sur la liberté d'expression et sur la protection des enfants auxquels le projet initial faisait référence, les différences se montent alors à neuf droits [2].

Par rapport à la procédure du vote, la recherche du consensus a enfin accru le pouvoir des représentants personnels des États membres. L'exemple le plus souvent cité à ce sujet est celui de Lord Goldsmith, qui s'est régulièrement opposé à l'inclusion de droits sociaux dans la charte. On peut penser que sa position n'était pas majoritaire au sein de la Convention et qu'un vote l'aurait marginalisé. À l'inverse, la recherche du consensus a valorisé sa position de représentant unique d'un des « approbateurs finaux » de la charte et lui a permis d'obtenir un certain nombre de garanties. Ainsi le projet de charte proposé en juillet par le présidium comprenait un article sur la liberté d'entreprise qui a semblé tomber tout droit du ciel… britannique ! Il ne figurait pas dans le projet initial de liste des droits fondamentaux de janvier 2000 ; d'après

1. Charte 4112/2/00, Rev 2, BODY 4.

2. G. de Burca compte aussi huit ou neuf différences. Rappelons que la Charte comprend 54 articles.

un des membres du Parlement européen, il n'avait jamais été discuté auparavant ; dans la synthèse des amendements qui a été présentée par le présidium en juin, seul un amendement de Peter Altmaier, simple suppléant, demandait l'insertion d'un article sur le principe de l'activité privée [1]. De même, lorsque Guy Braibant a fait savoir que les dirigeants français ne sauraient accepter la référence à un « héritage religieux » dans le préambule de la charte, sa position était visiblement minoritaire mais il a été écouté.

La recherche du consensus n'a pas seulement suscité des « distorsions » d'influence, elle a eu pour second inconvénient de limiter la transparence, par ailleurs recherchée, de l'exercice. Certes, par rapport à une conférence intergouvernementale, la Convention est restée un processus relativement transparent. La plupart des documents de travail étaient disponibles sur Internet [2] et les sessions de la Convention étaient publiques. À la fin des négociations, le transfert d'une partie des discussions vers les différentes composantes [3] a montré *a contrario* l'intérêt de cette publicité. On peut ainsi regretter que les différends suscités par la référence à un « héritage

1. Charte 4360/00, Convent 37.

2. Les différents projets rédigés par le présidium et soumis à la Convention, les comptes rendus des réunions de ce même présidium, les contributions des membres de la Convention ou celles adressées par des représentants d'ONG sont toujours disponibles sur le site internet du Conseil. Compte tenu de leur nombre, les amendements proposés par les membres de la Convention n'ont en revanche jamais figuré sur le site. Mais il était possible de les demander auprès de la *task force*.

3. Pour le présidium, une des dispositions des conclusions de Tampere (« lorsque le président de l'enceinte, en concertation avec les vice-présidents, estime que le projet de charte élaboré par l'enceinte peut être en définitive adopté par toutes les parties, celui-ci peut être transmis au Conseil européen ») impliquait, en effet, que le projet de charte soit discuté et approuvé par chacune des composantes.

religieux » dans le préambule se soient essentiellement exprimés au sein de la délégation du Parlement européen et du présidium, non lors de délibérations publiques en séance plénière. Il est en tout cas devenu plus difficile pour les observateurs, en particulier de la société civile, de suivre des discussions éparpillées entre plusieurs groupes, qui, de surcroît, se sont parfois réunis à huis clos [1].

Mais, même lorsque les débats se sont déroulés au sein de l'assemblée plénière, la publicité de ces réunions ne suffisait pas à rendre compte de l'ensemble du processus de décision. La recherche du consensus a fait du présidium et de la *task force* deux lieux stratégiques où se prenaient, loin des joutes des séances plénières et à l'abri du regard de la société civile, les décisions de retenir ou d'écarter tel ou tel projet d'article. L'absence de votes n'a toutefois pas été le seul élément qui a entravé la transparence de l'exercice. Il est apparu que, plus structurellement, se recréent inévitablement des lieux où les discussions se font « en catimini ». Ainsi tout au long de la Convention, des négociations ont eu lieu hors de l'enceinte, dans les couloirs, les bureaux…

Précisons, pour finir, qu'il ne faut toutefois pas s'exagérer le pouvoir du présidium et de la *task force*. Tout d'abord, les propositions de cette dernière tenaient évidemment compte des positions exprimées au sein de la Convention et du présidium. Quant à l'influence, évoquée ci-dessus, du premier projet qu'ils ont rédigé, les membres de la *task force* l'expliquent surtout par les caractéristiques de l'exercice : dès lors qu'il s'agissait d'une codification de textes existants, il n'était pas diffi-

1. Tel a été le choix, le 12 septembre 2000, des délégations du Parlement européen et des représentants personnels des chefs d'État et de gouvernement. Voir *Agence Europe*, n° 7797, 13 septembre 2000.

cile de les répertorier. Le véritable objectif de la Convention était que, grâce à un processus public, ce qui était « invisible » devienne « visible [1] » et qu'un plus grand nombre de citoyens européens s'approprie ces droits. Le présidium dans son ensemble n'avait pas davantage le pouvoir d'aller à l'encontre de la Convention. La meilleure preuve en est le devenir du projet qu'il a proposé en juillet 2000. Ce dernier a soulevé un certain nombre de critiques parmi les autres membres de la Convention qui ont obtenu des modifications non négligeables concernant en particulier les droits sociaux.

La délégation du Parlement européen a alors fait preuve d'une efficacité remarquable. Avant la « réunion de rentrée » du présidium, grâce à un compromis (*package deal*) entre les deux principaux groupes politiques, les députés européens se sont accordés sur un certain nombre d'amendements à revendiquer en commun. Le PSE réclamait essentiellement des droits sociaux, en particulier la mention du droit de grève et du droit au travail [2] ; en échange de ces concessions, le PPE a notamment demandé qu'il ne soit pas apporté de restrictions à la liberté d'entreprise et que le préambule fasse référence à « l'héritage culturel, humaniste et religieux » de l'Union. À la question de savoir qui avait été à l'origine de cette expression qui a tant choqué en France, le nom le plus souvent cité est celui d'Ingo Friedrich, député européen

1. L'expression est de Jean-Paul Jacqué, directeur de la *task force*.

2. Parmi les amendements proposés par les députés socialistes, figurait également l'indication que la liberté de réunion et d'association ainsi que le droit de négociation et d'actions collectives soient reconnus « au niveau européen » ; Pervenche Berès est, quant à elle, à l'initiative d'un nouveau paragraphe sur le droit de l'enfant « d'entretenir régulièrement des relations personnelles et des contacts directs avec ses deux parents, sauf si cela est contraire à son intérêt ».

originaire de la CSU [1]. Il pouvait compter sur le soutien du suppléant Peter Mombaur, lui aussi allemand et membre du PPE, dont un des amendements suggérait une référence à « la tradition judéo-chrétienne, aux idées de la révolution française et à la responsabilité des hommes politiques devant Dieu [2] ». Le mot de « religieux » retenu par la délégation du Parlement européen était donc déjà un compromis par rapport aux demandes initiales en faveur de références à la tradition chrétienne ou à Dieu.

L'établissement d'un nouveau projet de charte amendé, que le vice-président Mendez de Vigoa pu présenter au présidium, a doté la délégation du Parlement européen d'un « avantage considérable ». En effet, la controverse autour de l'« héritage religieux » ne doit pas faire oublier que la plupart des revendications ainsi formulées ont été satisfaites [3]. En revanche, devant l'opposition manifestée par les dirigeants français, l'expression d'« héritage religieux » a été remplacée par les termes de *patrimoine*

1. C'est également Ingo Friedrich qui a insisté, à la fin de la Convention, pour que le mot de « spirituel » finalement retenu soit traduit en allemand par *Geistlichreligiös*. Voir le *verbatim* de la séance du 26 septembre (Charte 4958/00, Convent 53) ; *Agence Europe*, n° 7807, 27 septembre 2000 ; n° 7810, 30 septembre 2000.

2. *Agence Europe*, n° 7796, 12 septembre 2000. Au vu de son intervention lors de la séance du 26 septembre, il semble que le Néerlandais Rijk van Dam ait pu aussi constituer un soutien : il regrette que « dans le préambule on se contente de parler des patrimoines culturel et spirituel » ajoutant que « la dignité de l'être humain dérive du fait que nous sommes des créatures de Dieu », Charte 4958/00, Convent 53.

3. Il semble que seuls trois amendements ont été refusés : la référence à « l'héritage culturel, humaniste et religieux » (préambule), l'« interdiction du clonage reproductif des êtres humains » (droit à l'intégrité de la personne) et la mention du « principe de neutralité de l'action publique » (droit à une bonne administration). À propos du clonage, la délégation a suivi la position du Parlement européen qui s'était prononcé au même moment contre le clonage thérapeutique (voir *Agence Europe*, 7794, 8 septembre 2000 ; 7795, 9 septembre 2000).

spirituel qui s'inspirent du statut du Conseil de l'Europe [1].

À l'inverse, comme nous l'avons souligné, les parlementaires nationaux ne pouvaient se prévaloir des mêmes avantages. Il ne faudrait pas pour autant les considérer comme de simples spectateurs. Si leur composante, beaucoup plus hétérogène, n'a pas eu la même efficacité, cela n'a pas empêché les élus nationaux de trouver d'autres moyens de faire valoir leurs points de vue. Certains ont utilisé les clivages politiques qui existaient. Ainsi, à l'initiative de la délégation socialiste du Parlement européen, se tenaient des réunions ouvertes à tous les membres de la Convention qui se reconnaissaient dans cette famille politique [2]. D'autres parlementaires nationaux ont plutôt cherché le soutien de leurs gouvernements. Par exemple, la principale demande du sénateur Hubert Haenel, membre du RPR, était que le préambule mentionne l'idée de devoirs. Il a profité d'une séance de questions orales avec débat au Sénat pour obtenir publiquement l'appui du ministre chargé des affaires européennes, Pierre Moscovici [3]. Dès lors, il lui a été plus facile de convaincre Guy Braibant, jusque-là « assez "taisant" sur ce sujet [4] ». Quant aux représentants du Parlement et du gouverne-

1. Il y est écrit que les gouvernements signataires sont « inébranlablement attachés aux valeurs spirituelles et morales qui sont le patrimoine commun de leurs peuples… ».

2. D'après Pervenche Berès, le représentant du gouvernement italien, Stefano Rodotà, et, de façon plus occasionnelle, le commissaire Antonio Vitorino auraient même participé à de telles réunions.

3. « L'élaboration d'une Charte des droits fondamentaux », *Les rapports du Sénat*, 395, 1999-2000, p. 34 (question de M. Haenel) et p. 77 (réponse de M. Moscovici).

4. *Ibid.*, p. 34. Auparavant, M. Haenel avait rédigé une contribution dans laquelle il avait appuyé sa revendication sur des exemples susceptibles de convaincre d'autres membres de la Convention (droits vis-à-vis des générations futures s'agissant de l'environnement), Charte 4200/00, Contrib 81.

ment britannique, ils ont paru s'accorder sur de nombreux points. Aux dires de certains observateurs, leurs interventions au sein de l'assemblée se faisaient « écho ».

En définitive, la charte a pu être adoptée sans un seul vote, grâce à une « recherche itérative du consensus ». Plusieurs leçons peuvent être tirées de cette expérience. Tout d'abord, le consensus n'est pas l'unanimité. C'est là une différence fondamentale entre Convention et Conférence intergouvernementale. Dans le cas de la CIG, on est en présence d'un processus de négociation où l'existence de droits de veto confère systématiquement aux positions isolées un pouvoir de blocage. La Convention a, au contraire, donné lieu à un processus délibératif. Le plus souvent, ceux qui ont réussi à bâtir des « coalitions de soutien » autour de leurs revendications l'ont finalement emporté. Le représentant britannique s'est par exemple opposé avec vigueur à l'inclusion du droit de grève dans la charte. Dans un premier temps, il a paru pouvoir l'emporter : le premier projet complet de la charte ne contenait pas de dispositions spécifiques sur le droit de grève. Mais après transmission du projet de juillet aux membres de la Convention, il s'est trouvé de nombreux soutiens à la mention explicite du droit de grève, non seulement au sein du Parlement européen, comme nous l'avons vu, mais aussi parmi les autres délégations (les parlementaires français et luxembourgeois, MM. Loncle et Fayot par exemple) et au sein de la société civile – positions sur lesquelles certains membres du présidium, comme Guy Braibant, ont pu alors s'appuyer pour faire prévaloir leurs points de vue [1].

Par rapport au vote, les avantages du consensus sont plus controversés. Certes, il oblige à s'accorder sur un même texte qui, dès lors, acquiert une grande légitimité. Notons toutefois que l'autorité des propositions de la

1. *Agence Europe*, n° 7797, 13 septembre 2000.

Convention tient aussi à la composition de l'enceinte. Surtout, la recherche du consensus introduit des différences d'influence non négligeables. Elle a fait du présidium et de la *task force* deux instances cruciales. Le caractère non contraignant de la charte et l'absence de toute référence à un « héritage religieux » montrent également que, lorsqu'ils l'ont vraiment voulu, certains États membres, dont la position était pourtant minoritaire, ont pu jouer un rôle décisif. En outre, l'absence de votes n'a pas favorisé la lisibilité de l'exercice. Enfin, l'obtention du consensus est aléatoire et nécessite du temps. Ce sont là des éléments à prendre en compte si l'on entend réutiliser la méthode de la Convention.

*

La Convention apparaît comme une méthode susceptible de renforcer la légitimité du système politique européen. Plus précisément, la méthode de la Convention permet d'agir sur trois fronts : la participation des citoyens, la clarté des textes qui fondent l'Union et la pertinence de leurs dispositions. Par rapport à une conférence intergouvernementale, la précédente Convention a favorisé, en premier lieu, la participation de nouveaux acteurs à l'élaboration d'un texte fondamental de l'Union européenne. La présence de nombreux parlementaires a eu en particulier deux effets positifs. Au lieu de rester cantonnés à un rôle de censeurs des institutions, ils ont été appelés à jouer un rôle positif d'élaboration et, par là, à s'approprier la « chose communautaire ». De surcroît, plus habitués que des diplomates à rendre compte à des électeurs, ils ont favorisé l'ouverture de la Convention à la société civile, permettant de la sorte aux citoyens de suivre le travail de l'assemblée. Au lieu de découvrir, en fin de parcours, un texte « à prendre ou à laisser », certains Européens ont pu connaître, et infléchir, le contenu de la charte en amont.

En second lieu, la Convention a favorisé la production d'un texte clair, susceptible d'être compris par le plus grand nombre.

Avec un mandat plus large, une nouvelle Convention pourrait déboucher, en troisième lieu, sur l'adoption de dispositions pertinentes au regard des exigences d'une Union élargie. Il apparaît en effet difficile d'assurer la prise de décisions communes entre vingt-cinq ou trente États membres sans un système plus intégré, au sein duquel les États membres devront en particulier renoncer à leur droit de veto. En réunissant des personnalités qui ne sont pas toutes chargées de défendre les intérêts des États et en créant les conditions d'un processus délibératif, la Convention pourrait ouvrir la voie à de nécessaires réformes institutionnelles.

La méthode de la Convention ne s'identifie pas nécessairement au projet de Constitution européenne. Pour certains, la combinaison « Convention puis CIG » qui est prévue pour apporter de nouveaux changements aux traités [1] constitue un moyen, plus réaliste que l'élaboration d'une Constitution, de trouver un nouvel équilibre, plus satisfaisant que celui qui prévaut actuellement, entre pouvoir des citoyens et des États au sein de la construction européenne. Il convient toutefois de garder à l'esprit que la réussite de cette combinaison n'est pas assurée [2].

---

1. Déclaration relative à l'avenir de l'Union annexée au traité de Nice.

2. Pour une analyse plus détaillée des conditions qui favoriseraient la réussite de la nouvelle Convention, voir Florence Deloche-Gaudez, « La Convention pour l'élaboration de la Charte des droits fondamentaux : une méthode d'avenir ? », *Études et recherches,* 15, novembre 2001 (partie II). L'étude est disponible sur le site de Notre Europe : *www.notre-europe.asso.fr/Publications.htm#Études.*

Elle suppose tout d'abord que la nouvelle Convention sache accomplir une tâche très différente de l'élaboration d'une Charte des droits fondamentaux. Certes, la première Convention a fait des choix et a introduit de nouveaux droits. Mais, globalement, il s'est agi d'un exercice de codification à partir de textes existants. Dotée d'un agenda plus large, la seconde Convention aura à se prononcer, dans un délai limité, sur des questions beaucoup plus ouvertes et engageantes sans disposer de textes aussi précis. Pour ce faire, il apparaît indispensable que les membres de la Convention restent relativement libres de leurs positions et il ne faudrait pas s'interdire de recourir à des votes si cela s'avérait nécessaire. Il faudra aussi que les chefs d'État et de gouvernement tiennent compte du projet que leur transmettra la Convention, ou qu'ils acceptent que l'assemblée continue à siéger durant la CIG pour permettre la poursuite d'un débat autour de nouvelles propositions.

La prochaine Convention pourrait néanmoins déboucher sur un projet de Constitution européenne. L'idée est soutenue par un nombre croissant de responsables, y compris au sein des gouvernements des États membres. En effet, si une assemblée ouverte à d'autres acteurs que les seuls représentants des États parvient à rédiger un texte clair et cohérent qui traite de l'organisation de l'Union, pourquoi refuser à tout prix l'appellation de « Constitution » alors que la Cour de justice a déjà qualifié les traités de « charte constitutionnelle » ? À un ordre juridique *sui generis* correspondrait un document *sui generis* [1] dont le pouvoir évocateur pourrait inciter un plus grand nombre d'Européens à s'impliquer dans les

1. Rapport du Parlement européen sur la constitutionnalisation des traités, A5-0289/2000, 12 octobre 2000 (rapporteur : Olivier Duhamel), disponible sur le site du Parlement européen *(www.europarl.eu.int)*.

travaux de la Convention. Le projet d'une Constitution européenne contribuerait ainsi à renforcer les avantages qu'offre la méthode de la Convention en termes d'ouverture à la société civile.

Enfin, l'intérêt de cette méthode ne disparaîtra pas avec l'élaboration d'une Constitution européenne. Elle pourrait être reprise pour d'autres projets, par exemple pour réfléchir aux objectifs d'une politique donnée ou examiner le système de ressources de l'Union. La Convention permettrait ainsi de répondre, de façon récurrente, à un besoin de la construction européenne : accroître l'influence des Européens sur le processus de décision de l'Union.

Florence Deloche-Gaudez

Annexes

Discours de Joschka Fischer sur la finalité de l'intégration européenne prononcé le 12 mai 2000 à Berlin

Il y a cinquante ans, presque jour pour jour, Robert Schuman exposait son idée d'une « Fédération européenne » indispensable à la préservation de la paix, marquant ainsi l'avènement d'une toute nouvelle ère en Europe. L'intégration européenne était la réponse à des siècles d'équilibre précaire entre les puissances de notre continent qui basculait régulièrement dans des guerres d'hégémonie dévastatrices, dont les deux guerres mondiales menées entre 1914 et 1945 avaient sonné la funeste apogée. C'est pourquoi, à partir de 1945, la pensée européenne a toujours été et reste essentiellement fondée sur le refus du principe d'une balance des pouvoirs, d'un système d'équilibre européen et de la soif d'hégémonie de certains États issue de la paix de Westphalie de 1648, refus s'opérant par le truchement d'une étroite imbrication des intérêts primaires de ces États et du transfert d'une partie de leurs droits de souveraineté nationaux à des institutions européennes supranationales.

Un demi-siècle plus tard, l'Europe, le processus d'unification européenne, est pour tous les pays et les peuples qui y participent, assurément le plus grand défi politique, étant donné que sa réussite ou son échec, ou tout simplement la stagnation de ce processus seront déterminants pour notre avenir à tous, et en particulier pour la jeune génération. Or c'est précisément ce processus d'unification européenne qui fait aujourd'hui l'objet de bien des critiques, que l'on qualifie de manifestation bureaucratique d'une eurocratie bruxelloise sans âme ni visage, et que l'on considère au mieux comme ennuyeux, au pire comme périlleux.

Voilà pourquoi je me réjouis de cette occasion de développer en public une réflexion plus générale d'ordre conceptuel concernant la configuration de l'Europe de demain. Vous me permettrez aussi, pour le temps de ce discours, de me défaire de mon rôle – parfois un peu trop étroit pour une réflexion publique – de ministre allemand des Affaires étrangères et de membre du gouvernement, même si je sais bien que ce n'est pas vraiment faisable. Aujourd'hui, je tiens à vous parler non pas des défis opérationnels que la politique européenne sera appelée à relever au cours des prochains mois, en d'autres termes non pas de la Conférence intergouvernementale, ni de l'élargissement de l'Union vers l'Est, ni encore de toutes les autres questions importantes qu'il nous faut résoudre à court terme, mais des perspectives stratégiques possibles de l'intégration européenne bien au-delà de la décennie prochaine et de la conférence intergouvernementale.

Que ce soit bien clair, il ne s'agit donc pas pour moi de présenter la position du gouvernement fédéral, mais de concourir à une discussion qui a commencé depuis longtemps déjà au sein de l'opinion publique à propos de la « finalité » de l'intégration européenne, de son « parachèvement » ; ce concours, je tiens justement à le fournir à titre d'Européen convaincu et de parlementaire allemand. Je suis d'autant plus satisfait qu'une longue discussion, approfondie et tout à fait productive, ait eu lieu, précisément sur ce thème de la finalité de l'intégration européenne, à l'initiative de la présidence portugaise lors de la dernière réunion informelle des ministres des Affaires étrangères de l'Union européenne aux Açores. Cette discussion ne manquera pas de produire ses effets.

Dix ans après la fin de la guerre froide et en pleine émergence de l'ère de la mondialisation, les problèmes et les défis européens sont à ce point imbriqués qu'ils forment un nœud presque palpable très difficile à dénouer dans les circonstances actuelles. En effet, que ce soit l'introduction de la monnaie commune, les débuts de l'élargissement vers l'Est, la crise de la dernière Commission européenne, ou bien le manque de soutien apporté au Parlement européen et aux élections européennes, les guerres dans les Balkans et le développement d'une politique étrangère et de sécurité commune, tous ces aspects ne définissent pas seulement les acquis réalisés, mais déterminent par ailleurs les défis qui demandent à être gérés.

Quo vadis Europa ? Telle est donc la question que nous pose une fois de plus l'histoire de notre continent. Et là, pour bien des raisons différentes, il ne peut y avoir pour les Européens qu'une seule réponse s'ils songent à leur bien et à celui de leurs enfants : l'Europe doit aller de l'avant jusqu'à parfaire son intégration. Car tous les États membres de l'Union européenne et aussi tous ceux désireux d'en faire partie et en particulier nos populations devraient payer un prix fatal si l'Europe venait à reculer d'un pas, ou tout simplement à s'immobiliser ou à camper sur ses acquis. Cela vaut singulièrement pour l'Allemagne et pour les Allemands.

La tâche qui nous attend n'est pas simple du tout et nous devrons user de toutes nos forces pour parvenir dans les dix prochaines années à mener à bien en grande partie l'élargissement de l'UE à l'Est et au Sud-Est, qui aboutira *de facto* à doubler le nombre des pays membres de l'Union européenne. Et pour gérer ce défi historique et intégrer les nouveaux États membres, sans pour autant remettre essentiellement en cause la capacité d'action de l'Union européenne, il nous faudra parallèlement apporter la dernière pierre à l'édifice de l'intégration européenne, à savoir l'intégration politique.

La nécessité d'organiser ces deux processus en parallèle représente sans conteste le plus grand défi auquel l'Union ait jamais dû faire face depuis sa fondation. Aucune génération, pourtant, ne peut choisir les défis que lui impose l'Histoire. Nous n'échappons pas à la règle. Ce n'est rien moins que la fin de la guerre froide et de la division forcée de l'Europe qui contraint l'Union européenne, et nous par la même occasion, à nous acquitter de cette tâche, et c'est pourquoi il nous faut faire preuve aujourd'hui d'une pareille force visionnaire et d'un pragmatisme aussi résolu que Jean Monnet et Robert Schuman au lendemain de la seconde guerre mondiale. Et tout comme jadis, à la fin de cette dernière grande guerre européenne qui – comme presque toutes les autres – avait été aussi une guerre franco-allemande, la France et l'Allemagne seront appelées à jouer un rôle absolument décisif dans cette dernière étape de la construction de l'Union européenne, à savoir son élargissement vers l'Est et le parachèvement de son intégration politique.

Deux décisions de portée historique ont eu une influence positive décisive sur le destin de l'Europe au milieu du siècle dernier : premièrement, la décision des États-Unis de rester présents en Europe. Et deuxièmement, le fait que la France et l'Allemagne aient misé sur le principe de l'intégration, à commencer par l'imbrication économique.

Un ordre entièrement nouveau est né en Europe, ou plus précisément en Europe occidentale, avec l'idée de l'intégration européenne et sa mise en œuvre ; c'est le cours même de l'histoire européenne qui s'en est trouvé inversé. Si vous comparez l'histoire européenne de la première moitié du XXe siècle avec les cinquante dernières années, vous comprendrez tout de suite ce que je veux dire. La perspective allemande en particulier est très riche d'enseignements car elle illustre ce que notre pays doit vraiment à l'idée de l'intégration européenne et à sa mise en œuvre.

C'est à la France et à ses grands hommes politiques, Robert Schuman et Jean Monnet, que l'on doit ce nouveau principe – presque révolutionnaire – d'organisation politique des États européens. Sa réalisation progressive, à partir de la fondation de la Communauté européenne du charbon et de l'acier jusqu'à la création du marché intérieur et à la monnaie commune, a reposé à tous les stades de son développement essentiellement sur l'alliance d'intérêts franco-allemande. Jamais toutefois cette alliance n'a eu de caractère exclusif ; elle a toujours été ouverte aux autres pays européens, et il devrait en être ainsi jusqu'à la réalisation de l'objectif final.

L'intégration européenne s'est avérée un succès phénoménal. Le tout n'était empreint que d'un déficit crucial, résultant de l'Histoire. Il ne s'agissait pas de l'Europe entière, mais uniquement de sa partie libre à l'Ouest. Pendant cinq décennies, la scission de l'Europe a partagé l'Allemagne et Berlin, laissant à l'est du Mur et des barbelés une partie indispensable de l'Europe – sans laquelle l'idée d'intégration européenne ne pouvait être menée à bien – attendre sa chance de participer au processus d'unification européenne. Cette chance, la fin de la division de l'Europe et de l'Allemagne en 1989-1990 l'a fournie.

Robert Schuman s'en était rendu très clairement compte dès 1963 quand il a déclaré que nous devons faire l'Europe, non seulement dans l'intérêt des peuples libres, mais aussi pour pouvoir y accueillir les peuples de l'Est qui, délivrés des sujétions qu'ils ont subies jusqu'à présent, nous demanderont leur adhésion, et notre appui moral ; que nous leur devons l'exemple d'une Europe unie et fraternelle ; que chaque pas que nous faisons en ce sens constituera pour eux une chance nouvelle ; qu'ils ont besoin de notre aide dans la restructuration qu'ils ont à accomplir et, pour finir, que c'est notre devoir d'être prêts.

Après l'effondrement de l'Empire soviétique, l'Union européenne a dû s'ouvrir vers l'Est, sinon elle aurait couru le risque de voir l'idée d'intégration européenne se vider de tout sens et finir par s'autodétruire. Pourquoi ? Il suffit de regarder ce qui se passe dans l'ex-Yougoslavie pour juger des conséquences, même si elles n'auraient pas forcément débouché partout sur des situations aussi extrêmes. Une Union européenne circonscrite à l'Europe occidentale aurait eu pour longtemps affaire à un système d'États européen divisé, caractérisé par l'intégration en Europe occidentale, et en Europe orientale par le vieux système d'équilibre aux pérennes orientations nationalistes, avec ses coalitions forcées, sa politique d'intérêts classique et le risque permanent d'idéologies et d'affrontements nationalistes. Or un système d'États européen divisé non doté d'une structure pour le chapeauter ferait durablement de l'Europe un continent d'insécurité dans lequel les lignes de conflits traditionnelles seraient appelées à moyen terme à se retransmettre de l'Europe orientale à l'Union européenne. L'Allemagne serait la première à en souffrir. Si les réalités géopolitiques ne laissaient pas non plus après 1989 d'alternative vraiment envisageable à l'élargissement vers l'Est des institutions européennes, c'est encore plus vrai aujourd'hui, à l'ère de la mondialisation.

À cette césure de portée véritablement historique, l'Union européenne a répondu avec détermination en lançant un processus de restructuration radicale :

– À Maastricht, l'un des trois domaines essentiels de souveraineté de l'État-nation moderne – monnaie, sécurité intérieure et sécurité extérieure – a été pour la première fois transféré sous la responsabilité exclusive d'une institution européenne. L'introduction de l'euro ne signifiait pas seulement le couronnement de l'intégration économique ; c'était aussi un acte profondément politique puisque la monnaie n'est pas seulement une entité économique mais qu'elle symbolise par ailleurs le pouvoir du souverain qui la garantit. La communautarisation de l'économie et de la monnaie a créé un rapport antagoniste avec les structures politiques et démocratiques, qui restent à mettre en place, lequel est susceptible d'engendrer des crises intérieures dans l'Union européenne si nous ne remédions pas à temps de manière productive aux déficits dans le domaine de l'intégration politique et parachevons ainsi le processus d'intégration.

– Le Conseil européen de Tampere a marqué le lancement d'un nouveau projet d'intégration de grande portée, la mise en place d'un espace commun de droit et de sécurité intérieure. L'Europe des citoyens est ainsi à portée de main. L'importance de ce nouveau projet d'intégration va pourtant bien au-delà : le droit commun a un énorme pouvoir d'intégration.

– Sous l'effet de la guerre du Kosovo précisément, les pays d'Europe ont entrepris d'autres actions pour renforcer leur capacité d'action commune en matière de politique étrangère en convenant, à Cologne et à Helsinki, d'un nouveau grand objectif : l'élaboration d'une politique commune en matière de sécurité et de défense. L'Union a ainsi accompli, après l'euro, le pas suivant. Sinon comment aurait-on pu justifier à la longue que des États qui se sont irrévocablement associés au sein d'une union monétaire et qui ont lié leur destin économique et politique n'affrontent pas aussi ensemble des menaces extérieures et n'assurent pas conjointement leur sécurité ?

– Toujours à Helsinki, il a été convenu d'un plan concret pour l'élargissement de l'Union européenne. Depuis ces décisions, les frontières extérieures de la future Union européenne peuvent être considérées comme plus ou moins définies. Il est prévisible que l'Union comptera 27, 30 ou encore davantage de membres à la fin du processus d'élargissement, à peu près autant donc que la CSCE à ses débuts.

De ce fait, nous nous trouvons actuellement confrontés en Europe à une tâche d'une difficulté énorme qui consiste à mener de front deux grands projets :

– Un élargissement aussi rapide que possible. Cette question pose de difficiles problèmes d'adaptation aux pays candidats tout comme à l'Union. En outre, elle est source d'inquiétude et de crainte pour nos citoyens : leurs emplois sont-ils en danger ? L'élargissement signifiera-t-il pour les citoyens une Europe encore moins transparente et moins compréhensible ? Aussi importante que puisse être la prise en compte de ces questions, il est essentiel que jamais nous ne perdions de vue la dimension historique de l'élargissement. Car c'est là une chance unique d'unir dans la paix, la sécurité, la démocratie et la prospérité notre continent secoué par les guerres durant des siècles.

L'élargissement revêt précisément pour l'Allemagne un caractère d'intérêt national suprême. L'élargissement et l'approfondissement parallèles de l'Union européenne permettront de surmonter de manière durable les risques et les tentatives objectivement liés à la taille et à la position centrale de l'Allemagne. Et puis, l'élargissement, comme on l'a vu pour le processus d'élargissement de l'UE vers le Sud, est un programme de croissance de l'Europe entière. Pour l'économie allemande notamment, l'élargissement constituera un grand bénéfice qui profitera aux entreprises et à l'emploi. L'Allemagne doit donc demeurer l'avocat d'un élargissement rapide vers l'Est. D'autre part, cet élargissement doit s'effectuer avec soin et dans le strict respect des critères de la décision d'Helsinki.

– La capacité d'action européenne. Les institutions de l'Union européenne ont été créées pour six États membres. Elles ont bien du mal à fonctionner à quinze. Aussi importante que soit, pour le début de l'élargissement, la première étape de la réforme visant l'extension du vote de la majorité qualifiée que nous nous proposons de franchir dans le cadre de l'actuelle Conférence intergouvernementale, elle ne suffira pas à elle seule pour l'élargissement dans son ensemble. On risque donc qu'un élargissement à vingt-sept ou trente États membres dépasse la capacité d'absorption de l'UE avec ses vieilles institutions et ses vieux mécanismes, et engendre des crises graves. Ce danger n'est pourtant pas un argument contre un élargissement rapide ; c'est un argument en faveur d'une réforme résolue et appropriée des institutions, l'objectif étant de maintenir la capacité d'action de l'UE même dans le contexte de l'élargissement. C'est pourquoi la conséquence de l'élargissement incontournable de l'Union est soit l'érosion soit l'intégration.

Ces deux tâches sont au centre de l'actuelle Conférence intergouvernementale. L'Union européenne s'est engagée à être prête à accueillir de nouveaux États membres à partir du 1er janvier 2003. Maintenant que l'Agenda 2000 a été adopté, il s'agit de poser le cadre institutionnel nécessaire au prochain cycle d'élargissement. Pour assurer le bon fonctionnement de la poursuite du processus d'élargissement, il est indispensable que soient réglées les trois grandes questions, à savoir la composition de la Commission, la pondération des voix au sein du Conseil et tout particulièrement l'extension du vote à la majorité qualifiée. C'est pourquoi ce prochain pas pratique, dont l'accomplissement s'impose dans la logique du processus, revêt une priorité absolue.

Aussi cruciale que soit la Conférence intergouvernementale comme étape prochaine sur la voie de l'Europe, nous devons, compte tenu de la situation en Europe, commencer dès aujourd'hui à nous préoccuper aussi de ce qui se passera après le processus d'élargissement, c'est-à-dire nous demander comment la future « grande » Union européenne pourrait un jour fonctionner, et donc à quoi elle devrait ressembler et comment elle devrait opérer. C'est ce que je me propose de faire.

Permettez-moi donc, Mesdames et Messieurs, de laisser maintenant « le ministre des Affaires étrangères » vraiment loin derrière moi pour m'adonner à quelques réflexions concernant aussi bien la nature de ce que nous appelons la « finalité de l'Europe » que la façon dont nous pourrions nous rapprocher de cet objectif et finalement l'atteindre. Et à tous les eurosceptiques de part et d'autre de la Manche, il est recommandé de ne pas tirer tout de suite une fois encore les plus gros titres car, premièrement, il s'agit d'une vision personnelle future du règlement des problèmes européens. Et deuxièmement, nous parlons ici du long terme, bien au-delà de la Conférence intergouvernementale. Nul n'a donc besoin de redouter ces thèses.

L'élargissement rendra indispensable une réforme fondamentale des institutions européennes. Comment s'imaginer en effet un Conseil européen à trente chefs d'État et de gouvernement ? Trente présidences ? Combien de temps les réunions du Conseil dureront-elles dans ce cas ? Des jours, voire des semaines entières ? Comment parvenir, à 30, dans le tissu actuel des institutions de l'Union européenne, à concilier des intérêts différents, à adopter des décisions et encore à agir ? Comment veut-on éviter que l'Union ne perde définitivement toute transparence, que les compromis soient de plus en plus impalpables et étranges, et que l'intérêt manifesté à l'égard de l'Union par ses citoyens ne finisse par tomber bien en dessous de zéro ?

Autant de questions auxquelles toutefois il existe une réponse toute simple : le passage de la Confédération de l'Union à l'entière parlementarisation dans une Fédération européenne que demandait déjà Robert Schuman il y a cinquante ans. Et cela ne veut pas dire moins qu'un parlement européen et un gouvernement, européen lui aussi, qui exercent effectivement le pouvoir législatif et le pouvoir exécutif au sein de la Fédération. Cette Fédération devra se fonder sur un traité constitutionnel.

Je suis tout à fait conscient des problèmes de procédure et de substance qu'il faudra surmonter jusqu'à la réalisation de cet objectif. Mais il est aussi très clair pour moi que l'Europe ne pourra jouer le rôle qui lui revient dans la compétition économique et politique mondiale que si nous avançons avec courage. Les problèmes du XXIe siècle ne peuvent être résolus avec les peurs et les recettes des XIXe et XXe siècles.

Il est clair que l'on reprochera immédiatement à cette solution simple d'être impraticable ; que l'Europe n'est pas un continent nouveau, mais un continent rempli de peuples différents et de cultures, de langues et d'histoires différentes ; que les États-nations sont des réalités indispensables et que plus la mondialisation et l'européanisation créent de superstructures éloignées du citoyen et des acteurs anonymes, plus les êtres humains s'accrocheront à la sécurité et à l'abri moral que leur apportent les États-nations.

Toutes ces objections, je les partage car elles sont fondées. Ce serait donc commettre une erreur de construction irréparable que de tenter de parachever l'intégration politique à l'encontre des institutions et des traditions nationales existantes et non en cherchant à les associer au processus. Une telle entreprise serait appelée à échouer dans les conditions historiques et culturelles européennes. C'est uniquement si l'intégration européenne conserve les États-nations dans une telle Fédération, qu'elle ne dévalorise pas, voire ne fait pas disparaître complètement leurs institutions qu'un tel projet sera réalisable, en dépit des énormes difficultés qu'il présente. Autrement dit, la conception qui prévalait jusqu'à présent d'un État fédéral européen, qui remplacerait comme nouveau souverain les anciens États-nations et leurs démocraties, s'avère être une élucubration artificielle qui se situe en dehors des réalités européennes traditionnelles. Parachever l'intégration européenne n'est concevable que si ce processus s'effectue sur la base d'un partage de souveraineté entre l'Europe et l'État-nation. C'est précisément ce fait qui se dissimule derrière la notion de « subsidiarité », laquelle fait actuellement l'objet de discussions partout et que personne ou presque ne comprend vraiment.

Que peut bien signifier le « partage de souveraineté » ? Comme je viens de le dire, l'Europe n'émergera pas dans un espace politique vide ; de là découle un autre aspect de notre réalité européenne, à savoir les cultures politiques nationales différentes et leurs opinions publiques démocratiques, que séparent en outre des barrières linguistiques. Un Parlement européen devra donc toujours représenter deux éléments : une Europe des États-nations et une Europe des citoyens. Or cela ne pourra se faire que si ce Parlement européen rassemble les différentes élites politiques nationales et ensuite les différentes opinions publiques nationales.

C'est faisable, à mes yeux, à condition que ce parlement européen dispose de deux chambres, dont une serait composée de députés élus appartenant en même temps aux parlements nationaux. C'est là le moyen d'éviter tout antagonisme entre les parlements nationaux et le Parlement européen, entre État-nation et Europe. En ce qui concerne l'autre chambre, il faudra choisir entre un modèle de Sénat réunissant des sénateurs des États membres qui seront élus au suffrage direct et une chambre des États comparable à notre *Bundesrat*. Aux États-Unis, tous les États élisent deux sénateurs alors qu'au *Bundesrat* le nombre de voix varie.

De même, deux options se présentent pour l'exécutif européen, le gouvernement européen : soit nous décidons de développer le Conseil européen pour en faire un gouvernement européen, c'est-à-dire que le gouvernement européen sera constitué à partir des gouvernements nationaux, soit on passe, en se basant sur la structure actuelle de la Commission, à l'élection directe d'un président doté de vastes pouvoirs exécutifs. Il est toutefois possible d'envisager différentes autres formes intermédiaires.

D'aucuns avanceront que l'Europe est déjà beaucoup trop compliquée aujourd'hui, qu'elle manque par trop de transparence pour les citoyens de l'Union, et qu'un tel projet contribuerait à la compliquer encore. C'est tout à fait contraire au but recherché. Le partage de souveraineté entre la Fédération et les États-nations suppose comme préalable un traité constitutionnel consignant ce qui sera réglé au niveau européen et ce qui continuera de l'être à l'échelon national. La multitude de règlements du niveau communautaire résulte en partie de la communautarisation inductive selon la méthode Monnet et reflète les compromis inter-États dans l'actuelle confédération d'États que forme l'Union européenne. Une réglementation précise de la répartition des compétences entre la Fédération et les États-nations dans le cadre d'un traité constitutionnel devrait laisser à la Fédération les domaines de souveraineté essentiels et uniquement les questions demandant à être réglées impérativement au niveau européen, tandis que le reste demeurerait de la compétence des États-nations. Il en ressortirait une Fédération européenne élaguée et capable d'agir, pleinement souveraine quoique composée d'États-nations affirmés. En outre, une telle Fédération présenterait aussi l'avantage d'être palpable et compréhensible pour ses citoyens parce qu'elle aurait surmonté son déficit démocratique.

Tout cela ne sonnera pas pour autant le glas de l'État-nation. Car pour le « sujet » de cette Fédération finale, l'État-nation avec ses traditions culturelles et démocratiques demeurera irremplaçable, pour légitimer une union des citoyens et des États qui soit pleinement acceptée par les populations. Je dis cela en pensant en particulier à nos amis britanniques car je sais que la notion de « fédération » les provoque. Je n'ai pourtant jusqu'à présent pas trouvé d'autre mot. L'idée n'est pas de provoquer qui que ce soit.

Même dans la finalité européenne, nous resterons donc britanniques et allemands, français et polonais. Les États-nations perdureront et ils conserveront au niveau européen un rôle bien plus important que celui qui revient aux *Länder* allemands. Et puis le principe de subsidiarité aura un rang constitutionnel dans cette union de demain.

Ces trois réformes, le règlement du problème de démocratie, la nécessité de redistribuer entièrement les compétences tant au niveau horizontal, c'est-à-dire entre les institutions européennes, qu'au niveau vertical, c'est-à-dire entre l'Europe, les États-nations et les régions, ne pourront être menées à bien qu'en refondant l'Europe au plan constitutionnel, ou en d'autres termes en réalisant le projet d'une Constitution européenne qui devra essentiellement ancrer les droits fondamentaux et les droits de l'homme et du citoyen, de même qu'une séparation équilibrée des pouvoirs entre les institutions européennes et une délimitation précise des domaines régis par l'Europe ou par les États-nations. Les rapports entre la Fédération et l'État-nation constitueront le grand axe de cette Constitution européenne. Pour être clair, je tiens à préciser que cela n'a rien à voir avec une renationalisation, au contraire !

La question qui se pose maintenant avec une acuité croissante est la suivante :

– Cette vision d'une fédération d'États et de citoyens démocratique et unie au plan politique sera-t-elle réalisable selon la méthode de l'intégration appliquée jusqu'à présent, ou bien faut-il remettre en question cette méthode elle-même en tant qu'élément central de l'actuel processus d'unification ?

Dans le passé, c'est essentiellement la « méthode Monnet » qui dominait le processus d'intégration européenne avec son approche de la communautarisation des institutions et des politiques européennes. Cette intégration progressive dépourvue de modèle augurant du résultat final a été conçue dans les années 1950 pour l'intégration économique d'un petit groupe de pays. Même si cette méthode s'est avérée efficace alors, elle a été seulement d'une utilité limitée pour l'intégration politique et la démocratisation de l'Europe. Là où il n'était pas possible aux membres de l'Union européenne de progresser ensemble, des groupes formés différemment ont avancé, comme pour l'Union économique et monétaire ou pour Schengen.

Une telle différenciation, une coopération renforcée dans des secteurs partiels, est-elle donc la réponse au double défi de l'élargissement et de l'approfondissement ? Précisément dans une Union élargie et par conséquent plus hétérogène, une différenciation plus poussée deviendra indispensable. L'un des objectifs centraux de la Conférence intergouvernementale est donc de la faciliter.

Néanmoins, une différenciation de plus en plus marquée posera aussi de nouveaux problèmes : une perte d'identité européenne et de cohérence interne ainsi que le risque d'une érosion interne de l'UE si des domaines de plus en plus vastes de la coopération intergouvernementale devaient venir s'ajouter au cadre de l'intégration. Dès aujourd'hui, il n'est plus possible d'ignorer une crise de la « méthode Monnet » qui ne peut plus être résolue dans les limites de sa propre logique.

C'est pourquoi Jacques Delors, tout comme Helmut Schmidt et Valéry Giscard d'Estaing ont tenté ces derniers temps de trouver de nouvelles idées pour sortir de ce dilemme. Selon Jacques Delors, une « fédération des États-nations », composée des six pays fondateurs de la Communauté européenne, doit conclure un « traité dans le traité » voué à une réforme en profondeur des institutions européennes. Les réflexions d'Helmut Schmidt et de Valéry Giscard d'Estaing vont à peu près dans le même sens, même si elles ne proposent pas un noyau à six mais à onze, les onze pays de la zone euro. Dès 1994, Karl Lamers et Wolfgang Schäuble proposaient la création d'un « noyau dur », qui souffrait cependant dès le départ d'une malformation décisive puisqu'il s'agissait d'un « noyau » exclusif et qui plus est excluant l'un des pays fondateurs, l'Italie, au lieu d'être un point d'attraction ouvert à tous.

Si, face au défi incontournable de l'élargissement vers l'Est, l'alternative pour l'UE est donc soit l'érosion soit l'intégration, et si s'en tenir à une confédération d'États signifierait l'immobilisme avec tous les effets négatifs que cela comporte, l'Union européenne se trouvera confrontée à un moment ou à un autre dans les dix années à venir à un choix qui lui sera imposé par les circonstances et par les crises que ces circonstances auront déclenchées : ou bien la majorité des États membres tente le « saut dans la pleine intégration » et se met d'accord sur un traité constitutionnel européen portant création d'une Fédération européenne ou bien, dans le cas contraire, un petit groupe d'États membres constituera une avant-garde, c'est-à-dire un « centre de gravité » comprenant plusieurs États prêts et capables, en Européens profondément convaincus, de progresser sur la voie de l'intégration politique. La seule question sera alors de savoir quand le moment sera venu, qui fera partie de cette avant-garde et si ce centre de gravité se formera au sein ou en dehors des traités. En tout cas, une chose est sûre : sans une très étroite coopération franco-allemande, aucun projet européen ne pourra pas non plus réussir à l'avenir.

Compte tenu de la situation, on pourrait donc imaginer bien au-delà de la décennie prochaine le développement futur de l'Europe en deux ou trois étapes :

Tout d'abord, le développement de la coopération renforcée entre les pays désireux de coopérer plus étroitement que d'autres, comme c'est d'ores et déjà le cas dans l'Union économique et monétaire et pour Schengen. Cet instrument nous permet d'avancer dans bien des domaines : le développement de la zone euro à onze vers une union politico-économique, la protection de l'environnement, la lutte contre la criminalité, le développement d'une politique commune en matière d'immigration et d'asile et bien sûr également en politique étrangère et de sécurité. Ce faisant, il est très important de ne pas concevoir la coopération renforcée comme un abandon de l'intégration. La formation d'un centre de gravité pourrait constituer plus tard une étape intermédiaire sur la voie du parachèvement de l'intégration politique. Un tel groupe d'États conclurait un nouveau traité fondamental européen qui serait le noyau d'une Constitution de la Fédération. Sur la base de ce traité fondamental, la Fédération se doterait de ses propres institutions, d'un gouvernement qui, au sein de l'UE, devrait parler d'une seule voix au nom des membres du groupe dans un nombre de questions aussi grand que possible, d'un parlement fort et d'un président directement élu. Un tel centre de gravité devrait être l'avant-garde, la locomotive du parachèvement de l'intégration politique et comprendre déjà tous les éléments de la future Fédération.

Je suis entièrement conscient des problèmes institutionnels qu'un tel centre de gravité poserait à l'UE actuelle. C'est pourquoi il serait décisif de veiller à ce que l'acquis de l'UE ne soit pas compromis, à ce que l'UE ne soit pas divisée et à ce que le lien qui retient l'UE ne soit pas endommagé ni au plan politique ni au plan juridique. Il faudra élaborer des mécanismes qui assurent la coopération du centre de gravité dans une Union élargie sans pertes de friction.

Il est impossible de dire à l'heure actuelle quels seront les États qui participeront à un tel projet : les membres fondateurs de l'UE, les onze membres de la zone euro ou encore un autre groupe. Dans toute réflexion portant sur l'option du centre de gravité, une chose doit être bien claire : cette avant-garde ne devra jamais être exclusive, elle devra être ouverte à tous les États membres et à tous les pays candidats de l'UE lorsqu'ils exprimeront à un moment donné le désir d'en faire partie. Et pour ceux qui voudront participer mais ne remplissent pas les conditions, il devra y avoir des possibilités de rapprochement.

La transparence et une option de participation pour tous les membres de l'UE constitueraient des facteurs essentiels pour faire accepter et réaliser le projet. Cela doit aussi s'appliquer précisément à l'égard des pays candidats. Car il serait absurde d'un point de vue historique et absolument insensé que, juste au moment où elle est enfin réunie, l'Europe soit de nouveau divisée.

Un tel centre de gravité devra donc avoir un intérêt actif à s'élargir et il devra être attrayant pour les autres membres. Si l'on applique le principe de Hans-Dietrich Genscher qui veut qu'aucun État membre ne puisse être contraint d'aller plus loin qu'il ne peut et ne veut mais que celui qui ne veut pas continuer d'avancer ne puisse pas non plus empêcher les autres de le faire, ce centre de gravité se constituera au sein des traités, sinon en dehors.

La dernière étape serait alors la pleine intégration de la Fédération européenne. Pour éviter tout malentendu, je tiens à préciser que la coopération renforcée n'y mène pas automatiquement, que ce soit sous forme de centre de gravité ou directement comme majorité des membres de l'Union. La coopération renforcée ne signifiera tout d'abord rien d'autre qu'une intergouvernementalisation renforcée sous la contrainte des circonstances et en raison de la faiblesse de la méthode Monnet. Le pas qui va de la coopération renforcée à un traité constitutionnel – et c'est exactement cela qui sera le préalable à la pleine intégration – présuppose en revanche un acte de refondation politique délibéré de l'Europe.

Voilà ma vision personnelle de l'avenir : de la coopération renforcée à un traité constitutionnel européen, et le parachèvement de la grande idée d'une Fédération européenne que nous devons à Robert Schuman. Cela pourrait être la bonne voie.

« Notre Europe » Discours prononcé par Jacques Chirac, président de la République, devant le Bundestag Berlin, 27 juin 2000

Monsieur le président du *Bundestag,* Monsieur le président fédéral, Monsieur le Chancelier fédéral, Mesdames, Messieurs les parlementaires, et permettez-moi de saluer en particulier les parlementaires français ici présents.

Merci, Monsieur le président, pour ce moment fort que ni mes compatriotes ni moi n'oublierons. Merci de m'avoir invité à m'exprimer devant la représentation allemande, ici, dans ce palais qui porte la marque des souffrances de votre pays mais qui, aujourd'hui éclatant de lumière, est l'image de l'Allemagne moderne.

Un demi-siècle durant, plaie béante au cœur de Berlin divisée, abîmée, le Reichstag, jamais reconstruit, demeurait comme le symbole de la douleur et de l'attente de tout un peuple. Comme le symbole d'une Europe déchirée. Et tout naturellement, quand l'Allemagne s'est retrouvée et, à sa suite, notre continent, alors la démocratie allemande s'est réinstallée ici, renouant les fils de l'Histoire, fermant enfin la tragique parenthèse.

Vous l'avez dit, je suis de ceux qui ont toujours espéré et toujours attendu le moment où l'Allemagne retrouverait son unité et sa capitale. C'est dire mon émotion d'être le premier chef d'État étranger à s'adresser, depuis cette tribune, à l'Allemagne tout entière ! L'Allemagne, notre voisin, notre adversaire d'hier, notre compagnon d'aujourd'hui ! L'Allemagne unie ! L'Allemagne chez elle !

[...]

Mesdames, Messieurs, dans trois jours, la France prendra la présidence de l'Union européenne. Elle aura la responsabilité de faire aboutir des décisions qui engagent l'avenir. Je pense bien sûr à la première d'entre elles : la réforme, absolument vitale, de nos institutions communes que nous mènerons avec, je le sais, le soutien de nos partenaires allemands.

Elle devra faire progresser d'importants chantiers. Celui de la défense européenne. Nous espérons lui faire franchir de nouvelles étapes, à la mesure des progrès considérables accomplis en l'espace de quelques mois, notamment sous présidence allemande.

L'Europe, nous la voulons aussi plus proche des citoyens. Notre Union, chacun doit pouvoir en mesurer les bienfaits dans sa vie de tous les jours. Alors qu'aujourd'hui, beaucoup d'Européens, c'est vrai, la jugent un peu abstraite, trop éloignée de leurs vraies préoccupations que sont : la croissance, l'emploi et la formation, la justice et la sécurité, la lutte contre le trafic de drogue et contre les filières d'immigration clandestine, l'environnement et la santé, d'autres encore. Dans tous ces domaines, le prochain semestre doit nous permettre d'avancer.

Mais, au-delà de ces échéances immédiates, la responsabilité qui nous incombe, à nous, membres fondateurs, est de poser sans cesse la question du sens et de l'avenir de l'Europe. De ne jamais laisser s'affaiblir notre volonté. Je salue l'esprit profondément européen qui a présidé ici, tout récemment, à la relance d'un débat dont les enjeux sont, au sens propre du mot, existentiels. Un débat qui engage nos nations et nos peuples, leur histoire et leur identité, et qui touche à l'organisation même de nos sociétés, à la volonté et à la capacité des Européens d'aller plus loin dans l'Union. Ce n'est pas rien ! Il est des moments où il faut savoir prendre des risques. Sortir des sentiers battus. La poursuite de la grande aventure communautaire est à ce prix !

Et, je voudrais, ici, à Berlin, éclairer le chemin. Vous faire part de mes convictions. Ouvrir avec vous des perspectives.

Ma première conviction est que l'élargissement de l'Union européenne est une grande ambition légitime et nécessaire. Il est en marche. Ce sera difficile, pour les pays candidats comme pour les États membres. Mais, demain, nous serons trente et plus représentés à Bruxelles, à Strasbourg, à Luxembourg.

C'est un accomplissement ! Pour la paix et la démocratie, enracinées sur notre continent et qui donnent tout son sens à notre aventure commune. Pour les pays candidats, soutenus dans leur combat pour la liberté par l'espoir de nous rejoindre. Pour l'Union elle-même qui en sera plus forte, politiquement et économiquement.

Mais, pour autant, l'exigence est claire. L'élargissement ne sera pas une fuite en avant. Nous ne laisserons pas se défaire le projet européen auquel vous et nous, avec nos partenaires, avons, depuis près d'un demi-siècle, consacré tant de volonté et tant d'énergie. Et qui, en retour, nous a tant apporté, non seulement la paix, mais aussi le succès économique, et donc le progrès social. Qui s'est avéré, pour nous tous, un formidable multiplicateur de puissance. Notre Union ne sera plus tout à fait la même demain. Mais elle ne connaîtra ni dilution, ni retour en arrière. Notre responsabilité est d'y veiller.

Une autre de mes convictions est que le rythme de la construction européenne ne se décrète pas. Il résulte, pour une large part, des progrès, parmi nos peuples, du sentiment d'identité et d'appartenance européennes, de leur « vouloir vivre ensemble » dans une communauté solidaire. Et j'ai confiance car ce sentiment est de plus en plus fort, surtout parmi les jeunes.

Enfin, je crois nécessaire d'éclairer le débat sur la nature de l'Union. C'est déformer la vérité de dire qu'il y a d'un côté ceux qui défendent la souveraineté nationale et, de l'autre, ceux qui la bradent. Ni vous ni nous n'envisageons la création d'un super État européen qui se substituerait à nos États-nations et marquerait la fin de leur existence comme acteurs de la vie internationale.

Nos nations sont la source de nos identités et de notre enracinement. La diversité de leurs traditions politiques, culturelles et linguistiques est une des forces de notre Union. Pour les peuples qui viennent, les nations resteront les premières références.

Envisager leur extinction serait aussi absurde que de nier qu'elles ont déjà choisi d'exercer en commun une partie de leur souveraineté et qu'elles continueront de le faire, car tel est leur intérêt. Oui, la Banque centrale européenne, la Cour de justice de Luxembourg ou le vote à la majorité qualifiée sont des éléments d'une souveraineté commune. C'est ainsi, en acceptant ces souverainetés communes, que nous acquerrons une puissance nouvelle et un rayonnement accru. Alors, de grâce, renonçons aux anathèmes et aux simplifications, et convenons enfin que les institutions de l'Union sont et resteront originales et spécifiques !

Mais reconnaissons aussi qu'elles sont perfectibles et que le grand élargissement à venir doit être l'occasion d'approfondir la réflexion institutionnelle, au-delà de la Conférence intergouvernementale. Dans cette perspective, je souhaite que nous puissions nous entendre sur quelques principes.

D'abord, rendre l'Union européenne plus démocratique. La construction communautaire a trop été l'affaire des seuls dirigeants et des élites. Il est temps que nos peuples redeviennent les souverains de l'Europe. Il faut que la démocratie en Europe vive mieux, notamment à travers le Parlement européen et les parlements nationaux.

Ensuite, clarifier, mais sans la figer, la répartition des compétences entre les différents niveaux du système européen. Dire qui fait quoi en Europe avec le souci que les réponses soient apportées au meilleur niveau, au plus près des problèmes. Bref, mettre enfin en application le principe de subsidiarité.

Nous devons aussi veiller à ce que, dans l'Europe élargie, la capacité d'impulsion demeure. Sans cesse, il faut pouvoir ouvrir de nouvelles voies. Pour cela, et comme nous l'avons fait dans le passé, il faut que les pays qui veulent aller plus loin dans l'intégration, sur une base volontaire et sur des projets précis, puissent le faire sans être retardés par ceux qui, et c'est leur droit, ne souhaitent pas avancer aussi vite.

Enfin, l'Europe-puissance que nous appelons de nos vœux, cette Europe forte sur la scène internationale, doit disposer d'institutions fortes et d'un mécanisme de décision efficace et légitime, c'est-à-dire faisant toute sa place au vote majoritaire et reflétant le poids relatif des États membres.

Voilà, Mesdames et Messieurs, les grandes orientations selon lesquelles, je crois, doit s'engager le processus de refondation institutionnelle de l'Union. Le visage de l'Europe future reste encore à dessiner. Il dépendra du débat et de la négociation. Et bien sûr et surtout de la volonté de nos peuples. Mais nous pouvons d'ores et déjà tracer le chemin.

La première étape, incontournable, est la réussite, sous présidence française, de la Conférence intergouvernementale. Ne sous-estimons pas l'importance de cette conférence. Les quatre points essentiels de son ordre du jour, y compris le développement des procédures de coopération renforcée, permettront d'adapter les mécanismes de décision de l'Union à sa composition future. La réussite de la CIG est un préalable indispensable à tout progrès. Aussi, ni vous ni nous ne pourrions nous satisfaire d'un accord *a minima*, je dirais d'un accord au rabais, qui conduirait l'Union à la paralysie pour les années à venir !

Après la Conférence intergouvernementale, à la fin de l'année, s'ouvrira une période que je qualifierai de « grande transition » au terme de laquelle il faudra que l'Union soit stabilisée dans ses frontières et dans ses institutions. Nous devrons, pendant cette période, mener de front trois grands chantiers.

Celui, naturellement, de l'élargissement. Quelques années ne seront pas de trop pour conclure les négociations d'adhésion et assurer l'intégration réussie des nouveaux États membres.

C'est aussi de l'approfondissement des politiques, à l'initiative de ces pays que j'évoquais tout à l'heure et qui souhaitent aller plus loin ou plus vite. Rassemblés avec l'Allemagne et la France, ils pourraient se constituer en un « groupe pionnier ». Ce groupe ouvrirait la voie en s'appuyant sur la nouvelle procédure de coopération renforcée définie par la CIG et en nouant, si nécessaire, des coopérations hors traité, mais sans jamais remettre en cause la cohérence et l'acquis de l'Union.

C'est de cette façon, naturellement, que se dégagera la composition du « groupe pionnier ». Non pas sur une base arbitraire, mais par la volonté des pays qui décideront de participer à l'ensemble des coopérations renforcées. Je souhaite ainsi que, dès l'an prochain, le « groupe pionnier » puisse s'atteler, notamment, à une meilleure coordination des politiques économiques, à un renforcement de la politique de défense et de sécurité et à une plus grande efficacité dans la lutte contre la criminalité.

Faut-il que ces États concluent entre eux un nouveau traité et se dotent d'institutions sophistiquées ? Je ne le crois pas. Soyons conscients que ce serait ajouter un niveau supplémentaire à une Europe qui en compte déjà beaucoup ! Et évitons de figer des divisions de l'Europe alors que notre seul objectif est de préserver une capacité d'impulsion. Il faudrait plutôt envisager un mécanisme de coordination souple, un secrétariat chargé de veiller à la cohérence des positions et des politiques des membres de ce groupe pionnier, qui devrait rester naturellement ouvert à tous ceux qui souhaitent le rejoindre.

Ainsi l'Europe, dans cette période de transition, continuera-t-elle d'avancer pendant que sera menée la préparation de la refondation institutionnelle.

En effet, et c'est notre troisième chantier, je propose que, dès après le sommet de Nice, nous lancions un processus qui nous permette, au-delà de la CIG, de répondre aux autres questions institutionnelles qui se posent à l'Europe.

D'abord, réorganiser les traités afin d'en rendre la présentation plus cohérente et plus compréhensible pour les citoyens. Ensuite, définir de façon claire la répartition des compétences, vous l'avez souligné, Monsieur le président et vous avez raison, des compétences entre les différents niveaux de l'Europe. Nous pourrions également réfléchir, dans le cadre de ce processus, aux frontières géographiques ultimes de l'Union ; préciser la nature de la Charte des droits fondamentaux que, je l'espère, nous aurons adoptée à Nice ; et enfin préparer les ajustements institutionnels nécessaires, tant du côté de l'exécutif que de celui du Parlement, pour renforcer l'efficacité et le contrôle démocratique de notre Union.

Cette réflexion préparatoire devra être conduite de façon ouverte, en associant les gouvernements et les citoyens, à travers leurs représentants au Parlement européen et dans les parlements nationaux. Les pays candidats devront naturellement y prendre part. Plusieurs formules sont envisageables, du Comité des sages à un modèle inspiré par la Convention qui rédige notre Charte des droits fondamentaux.

Et à l'issue de ces travaux qui prendront sans doute quelque temps, les gouvernements puis les peuples seraient appelés à se prononcer sur un texte que nous pourrons alors consacrer comme la première « Constitution européenne ».

Mais pour que la construction européenne avance, c'est d'abord l'amitié franco-allemande que nous devons approfondir sans cesse.

[...]

Monsieur le président du *Bundestag,* Monsieur le président fédéral, Monsieur le Chancelier fédéral, Mesdames, Messieurs les parlementaires,

Ce que l'Allemagne et la France ont vécu et subi dans l'Histoire ne ressemble à rien d'autre. Mieux qu'aucune nation, elles saisissent le sens profond de la paix et du projet européen. Elles seules, en forçant le cours des choses, pouvaient, en Europe, lancer le signal du rassemblement. Ensemble, au rythme de leurs retrouvailles et de la volonté de leurs peuples, elles ont fait progresser l'idée européenne. Elles seules peuvent accomplir les gestes qui porteront l'Europe plus loin, dans ses ambitions, dans ses frontières comme dans les cœurs. Qui feront de l'Union ce grand espace de paix, de droits et de libertés, ce foyer de l'esprit digne de son héritage, cette terre que nos citoyens aimeront habiter, cultiver, faire rayonner ensemble.

Vive l'Allemagne ! Vive la France ! Et vive l'Union européenne.

Allocution du Premier ministre britannique Tony Blair, Varsovie, 6 octobre 2000

Il y a quelques semaines, vous avez fêté le vingtième anniversaire de l'extraordinaire révolution qui allait donner le jour à un mouvement appelé Solidarité. C'est le combat de la Pologne qui a conduit à l'effondrement du communisme en Europe et sonné la fin de la guerre froide.

[...]

C'est la Pologne qui a lancé la révolution en Europe. Elle joue depuis un rôle décisif dans le grand mouvement de passage à la démocratie, avec ses partenaires dynamiques d'Europe centrale. Je suis très heureux que les Premiers ministres tchèque et slovaque, ainsi que le ministre des Affaires étrangères hongrois, soient également des nôtres aujourd'hui.

[...]

Peu de pays ont autant fait pour vaincre le fascisme et la dictature soviétique. Nous voulons maintenant vous faire une place dans l'Union européenne.

[...]

La Grande-Bretagne en Europe

La Grande-Bretagne sera toujours l'alliée à toute épreuve de toutes les démocraties européennes qui aspirent à intégrer l'Union. Une alliée indéfectible, qui sait se faire entendre au cœur même de l'Union.

Il n'en a pas toujours été ainsi. Car la vérité, c'est que pendant plus de cinquante ans la Grande-Bretagne a fait à l'égard de l'Europe de grosses erreurs de jugement, ne voulant y voir que ce qui l'arrangeait au mépris des faits. Le pain quotidien que nous réservions à nos partenaires n'était qu'hésitations, mises en retrait, incompréhensions, entrecoupées çà et là de brefs éclairs de génie, qui ne faisaient qu'attiser encore plus leur frustration. Les ressorts de cette attitude sont simples. Pour la Grande-Bretagne de l'après-guerre, naturellement, tout cela n'était qu'une façon pour la France et l'Allemagne d'éviter de se refaire la guerre. La Grande-Bretagne tenait le rôle de l'ami bienveillant, du parent attentionné qui voulait amener les vieux frères ennemis à renouer. Puis les choses se sont accélérées et, au grand dam de la Grande-Bretagne, l'Europe ne s'est plus contentée d'agir de concert mais s'est mise en devoir de bâtir un édifice institutionnel, qui est aujourd'hui celui de l'Union. D'étape en étape, la Grande-Bretagne jugeait l'entreprise impossible et se gardait bien d'y participer. Or le projet voyait le jour et il nous restait deux solutions : prendre le train en marche ou renoncer.

L'affaire se compliquait du fait que tous les autres grands acteurs avaient des raisons impératives de jouer le jeu – pour des questions d'histoire, de proximité géographique, et de démocratie à consolider. La Grande-Bretagne, sortie victorieuse de la seconde guerre mondiale, principale alliée des États-Unis, fière et insulaire dans l'âme et indépendante de tempérament, encore qu'européenne de sang, voyait bien les raisons à tout cela mais, de là à en faire un impératif, il y avait un pas.

[…]

C'est certes du passé, mais nous le portons toujours en nous. La situation a changé pourtant et il est temps de se défaire de l'héritage. Il y a deux éléments nouveaux. Le fait que l'Europe considère désormais la Grande-Bretagne comme un réel « plus » et non comme un handicap, du fait de sa puissance économique, du rôle évident qu'elle joue en matière de politique étrangère et de défense, et du respect que lui valent sa stabilité politique et ses institutions. La relation privilégiée que nous avons avec les États-Unis joue également, car si elle est un atout pour nous, elle l'est aussi potentiellement pour l'Europe dans un monde où les anciens clivages ont disparu.

Pour la Grande-Bretagne, l'élément nouveau est qu'il serait parfaitement extravagant et autodestructeur de sa part aujourd'hui, alors que l'Europe gagne en puissance et en espace, de se tenir à l'écart de la grande alliance stratégique qui s'est constituée à sa porte. Ce qui ne veut pas dire que tous les reproches faits à l'Europe soient infondés. Ce n'est pas le cas ; j'y reviendrai. Mais mener le combat de la réforme selon un plan de bataille qui laisse la Grande-Bretagne isolée et marginalisée – c'est de la folie pure.

Être capable de peser sur les choix en Europe, dans le Saint des Saints, est pour la Grande-Bretagne, comme pour les pays qui frappent à la porte, indispensable à son influence, à son poids et à sa puissance dans le monde. Nous avons la faculté d'en sortir si nous le souhaitons, mais qu'on ne nous fasse pas croire que pareil choix serait sans conséquences. C'est totalement irréaliste. Pour être plus précis, je suis absolument convaincu que notre force en Europe fait notre force auprès des États-Unis, et vice versa.

Il y a – je l'ai dit – des arguments politiques puissants en faveur du ralliement de la Grande-Bretagne à l'euro. Je ne minimise pas l'importance des enjeux politiques ou constitutionnels. Car ils ne sont pas négligeables. Mais ils ne sont pas, à mon sens, insurmontables. Les obstacles économiques sont en revanche de vrais obstacles à surmonter. Il s'agit d'une union économique. L'intégrer prématurément, quand les conditions techniques ne sont pas réunies, au nom de considérations politiques, serait une erreur. D'où notre position : un oui de principe, mais seulement quand les critères économiques seront remplis. Nous ne pouvons pas jouer avec la santé de l'économie du pays et nous ne nous y risquerons pas. Le oui de principe est là ; les critères aussi.

Un mot à propos du Danemark. Le référendum danois a été une consultation importante pour le peuple danois, mais il ne faut pas en tirer des conclusions qu'il n'a pas pour le reste d'entre nous. Contrairement à ce que certains peuvent craindre, il n'aura pas d'incidence sur notre engagement politique en faveur de l'élargissement. Et il ne modifiera pas non plus la position du gouvernement britannique sur l'euro. C'est à chaque pays de se déterminer sur la monnaie unique, chacun à sa manière.

Une chose est sûre en tout cas, c'est que la Grande-Bretagne a vocation à exercer un rôle de premier plan en Europe, et qu'elle le fera. J'en viens maintenant à l'avenir politique de l'Europe.

Une Europe démocratique plus forte parce que élargie

Quelle sorte d'Union européenne la Pologne rejoindra-t-elle ?

La question de l'historien polonais Joachim Lelewell, « Polska tak, ale jak ? » – la Pologne, d'accord, mais quelle Pologne ? – est restée célèbre. Aujourd'hui, je pose la même question pour l'Europe : l'Europe, d'accord, mais quelle Europe ?

Le problème, avec la réflexion sur l'avenir politique de l'Europe, c'est qu'on a tôt fait de tomber dans l'ornière des réformes institutionnelles sans se poser les vraies questions sur le sens de l'opération.

J'avoue trouver bizarres les explications de ceux qui invoquent l'impression d'essoufflement que donnerait l'Europe pour justifier la nécessité d'une réforme des institutions. Avec l'union monétaire, nous nous sommes lancés dans l'entreprise économique la plus ambitieuse du monde. Nous venons à peine d'esquisser les contours de l'Europe de la défense. Et nous voilà sur le point de réunifier le Vieux Continent en nous ouvrant à treize nouveaux membres et davantage encore à l'avenir. Ce ne sont pas les défis qui manquent.

Je ne vois pas non plus l'intérêt d'opposer l'action des institutions européennes à la coopération intergouvernementale. Nous avons besoin d'une Commission forte, apte à faire preuve d'indépendance et à exercer son pouvoir d'initiative parce que, d'une part, c'est dans l'intérêt des « petits » et que, d'autre part, cela permet à l'Europe de surmonter des intérêts purement catégoriels. Il arrive à tous les gouvernements, à commencer par le mien, de trouver gênant le pouvoir de la Commission, mais jamais le marché unique, par exemple, n'aurait vu le jour si elle n'en avait pas eu. Le Parlement européen est une pièce maîtresse de l'équilibre des pouvoirs au sein de l'UE. La Commission et le Conseil ont des rôles distincts, mais complémentaires.

Ce n'est pas pour remédier à un prétendu immobilisme qu'il faut réformer les institutions, ni parce que le moment serait venu de bouleverser le fragile équilibre entre la Commission et les gouvernements, mais pour répondre à une question beaucoup plus importante sur le fond.

L'Europe – et c'est là le principal défi qu'elle ait à relever – doit aujourd'hui prendre conscience d'une réalité nouvelle. L'élargissement et l'approfondissement s'opèrent simultanément. Nous serons plus nombreux à l'avenir, et nous nous efforcerons de faire plus ensemble.

Reste à décider des réformes à apporter à cette Europe nouvelle pour qu'elle soit d'un réel bénéfice pour les peuples d'Europe, qu'elle s'attaque aux problèmes auxquels ils attachent la priorité, et qu'elle ait en plus la manière de faire, afin d'avoir leur assentiment et leur soutien.

On oppose traditionnellement deux solutions. C'est soit l'Europe, simple zone de libre-échange, comme la NAFTA au États-Unis, qu'affectionnent les Conservateurs britanniques. Soit le modèle fédéral classique, avec élection du président de la Commission, et le Parlement européen érigé en véritable lieu du pouvoir législatif et du contrôle constitutionnel européens.

Le problème avec la simple zone de libre-échange, c'est que cette formule, outre qu'elle est irréaliste politiquement, ne répond nullement à l'attente de nos citoyens. Dans une Europe dotée d'un marché unique et d'une monnaie unique, la coordination économique est indispensable. Dans les négociations sur le commerce mondial et les mouvements de capitaux à l'échelle de la planète, l'Europe est plus forte quand elle parle d'une seule voix.

Dans des domaines tels que l'environnement et le crime organisé, le travail de police des frontières exige que l'Europe coopère. En matière de politique étrangère et de sécurité, et même si les nations continuent de se faire les gardiens jaloux de leurs intérêts nationaux, il y a un moment où tout le monde a intérêt à ce que l'Europe parle et agisse de manière concertée. On attend plus de l'Europe que le libre-échange. On en attend de la richesse, de la sécurité et de la puissance.

Dans un monde où seuls les États-Unis conservent le rang de superpuissance ; où l'Europe a de puissants voisins comme la Russie ; qui compte des nations en voie de développement comme l'Inde et la Chine ; où le Japon est appelé à ne pas se cantonner à son rôle de puissance économique mais à prendre aussi le poids politique qu'il mérite ; qui verra la montée en puissance des blocs régionaux comme l'ANASE et le Mercosur, nos concitoyens ont besoin d'une Europe forte et unie, pour exercer une puissance dans le monde. Car l'intérêt de l'Europe aujourd'hui, quel qu'ait pu être son objet à l'origine, est d'exercer une puissance collective. Indépendamment des raisons économiques, c'est évidemment ce qui pousse les pays d'Europe centrale à se porter candidats.

Ce n'est pas en raisonnant à partir d'une vision étroite de l'Europe qu'on répondra aux attentes des citoyens du monde moderne.

Le problème que pose le modèle d'une Europe coiffée d'un supra-État, dans laquelle les nations sont placées sous la coupe d'institutions supranationales, est qu'il ne trouve pas non plus grâce aux yeux des citoyens.

On touche là à la responsabilité démocratique en Europe – et à ce qu'il est convenu d'appeler le déficit démocratique. Mais on pourra passer un temps infini à essayer d'échafauder l'architecture parfaite, on ne parviendra à rien. Car la vérité, c'est que, jusqu'à nouvel ordre, la légitimité démocratique trouve sa source dans les institutions représentatives élues au suffrage direct des nations – les parlements et les gouvernements nationaux.

Je ne dis pas que dans les générations à venir l'Europe ne sera pas capable de se doter en propre d'un régime démocratique fort, mais on n'en est pas là.

Ne nous y trompons pas en outre : des nations comme la Pologne, qui ont tant lutté pour retrouver leur rang d'État et dont les citoyens ont versé leur sang pour cette cause, ne sont pas près d'y renoncer. Nous devons louer la diversité de nos cultures, de nos identités, des attributs qui nous sont propres en tant que nations.

L'Europe est faite de nations souveraines indépendantes, qui ont choisi de partager leur souveraineté pour mieux servir leurs intérêts propres et le bien commun, sachant qu'elles font plus collectivement qu'isolément. L'Union européenne est appelée à combiner de manière inédite l'intergouvernemental et le supranational.

Cette Europe peut, du fait de son poids économique et politique, devenir une superpuissance. Une superpuissance, mais pas un supra-État.

Il ne s'agit donc pas de réfléchir à la réforme des institutions dans l'abstrait. Il faut prendre la question dans la pratique pour se demander ce qu'est le rôle de l'Europe et ce que les peuples en attendent. Alors il sera temps d'en recentrer l'action et d'en revoir les institutions en fonction de la réponse à la question suivante. Quels sont les moyens à mettre en œuvre pour :

– parachever le marché unique ;

– mener à bien les réformes économiques nécessaires ;

– venir à bout des gaspillages et des déperditions de ressources de la PAC ;

– revenir au plein-emploi ;

– apporter davantage de cohérence à la politique étrangère, plus particulièrement en solidarité avec les États-Unis ;

– développer les capacités militaires sans lesquelles la politique de défense commune sera une chimère ;

– faire échec au crime organisé, à la traite des êtres humains candidats à l'immigration, au trafic de drogue ;

– protéger un environnement qui se joue des frontières ;

– et surtout amener l'Europe à lâcher prise dans les domaines où elle s'ingénie à intervenir alors qu'elle n'a rien à y faire, dans une tendance à l'ingérence qui indispose même les Européens les plus convaincus.

Le problème que pose l'Europe aux citoyens, c'est qu'elle se fixe des priorités qui ne sont pas les leurs. Les réformes institutionnelles les plus ambitieuses – qui les laissent pour la plupart totalement indifférents – n'y changeront rien. Lui redonner un sens et la remettre fermement sur les rails des priorités évidentes qu'elle doit se fixer changera tout, au contraire. Les citoyens doivent avoir le sentiment que l'Europe est leur chose, et non pas qu'ils sont la sienne.

Je vais donc vous parler des réformes qui, selon moi, sont de nature à donner à l'Europe un nouvel élan.

Pour une réforme politique

Nous nous devons d'indiquer clairement à nos concitoyens quelles politiques et quelles lois sont mises en œuvre en leur nom. Le Conseil européen, qui réunit tous les chefs de gouvernement, est la cour d'appel ultime des autres conseils des ministres quand ils n'arrivent pas à concilier les divergences nationales – c'est un rôle essentiel. Mais le Conseil européen devrait être d'abord et avant tout l'organe qui fixe l'agenda de l'Union. De fait, c'est la mission que lui confie officiellement le traité de Rome. Il se réunit maintenant tous les trois mois. À la vérité, il oriente effectivement la politique européenne de demain, comme l'a fait le sommet de Luxembourg pour l'emploi, celui de Lisbonne pour la réforme économique, et celui de Portschach pour la défense. Je propose que, désormais, nous le fassions de façon beaucoup plus organisée et structurée.

Les gouvernements ne se présentent-ils pas devant leurs électeurs avec un programme pour les années à venir ? Le Conseil européen doit en faire autant, et il doit le faire dans tous les domaines fondamentaux de l'action européenne : l'économie, la politique étrangère, la défense et la lutte contre le crime transfrontières. Ce que je propose aujourd'hui, c'est un agenda sur un an, établi par le Conseil européen.

La Commission, dont le président est membre du Conseil, jouerait tout son rôle dans sa mise au point : il consulterait les parlements nationaux, le Parlement européen et les autres instances intéressées. Il communiquerait un projet aux chefs de gouvernement qui en débattraient, le modifieraient et l'avaliseraient. Ce serait un programme clair, législatif autant que politique, qui répartirait la charge de travail des conseils spécifiques. L'indépendance de la Commission, gardienne des Traités, ne serait pas touchée. Et la Commission elle-même pourrait toujours formuler des propositions complémentaires, si son rôle de gardienne l'exigeait. Mais nous aurions une orientation politique claire, un programme et un calendrier qui serviraient de guide à toutes les institutions.

Il nous faut être ouverts aussi à la réforme du fonctionnement des différents conseils par le jeu de la constitution d'équipes pour la présidence, et du recours plus fréquent à l'élection des présidents des conseils et des groupes de travail, et veiller à ce que le secrétaire général du Conseil, Javier Solana, puisse jouer tout son rôle dans l'élaboration de la politique étrangère et de défense. Un exemple : quand l'Europe aura plus de 25 membres, pouvons-nous imaginer sérieusement qu'un pays donné ne détiendra la présidence que tous les douze ou treize ans ? Mais 2 ou 3 pays ensemble, mêlant les grands et les petits, pourraient être une meilleure formule. Il nous faudra peut-être aussi trouver autre chose que le Conseil européen trimestriel pour suivre et contrôler le programme de l'Union.

Par ailleurs, il y a un débat sérieux autour d'une éventuelle Constitution européenne. En pratique, j'ai bien peur qu'elle ne reste, comme la Constitution britannique, et ne serait-ce qu'à cause de la diversité et de la complexité de l'Union, qu'un recueil de différents traités, lois et jurisprudences. Il est peut-être plus facile aux Britanniques qu'aux autres d'admettre qu'un débat constitutionnel ne doit pas nécessairement aboutir à un texte unique et contraignant baptisé « Constitution », dans le cas d'une entité aussi dynamique que l'Union.

Ce qui me paraît à la fois souhaitable et réaliste, c'est de rédiger une Déclaration, sur les principes selon lesquels nous déciderons de ce qu'il est préférable de faire au niveau européen et de ce qu'il vaut mieux réserver au niveau national, une sorte de charte des compétences. Cela permettrait aux pays eux-mêmes de définir clairement ce qu'ils ont à faire à leur niveau. Ce serait un texte politique, et non pas juridique. Il pourrait donc être beaucoup plus simple et accessible à l'homme de la rue.

Je crois que le moment est venu de mieux associer les représentants des parlements nationaux à ces questions, en dotant le Parlement européen d'une seconde chambre dont la mission première serait d'examiner l'action de l'Union au regard de cette Déclaration de principes. Elle ne se mêlerait pas de la négociation législative au quotidien, qui relève de la première chambre actuelle. Mais il lui reviendrait de contribuer à l'application des principes acceptés par tous, afin que nous fassions ce qu'il faut au niveau européen, mais aussi que nous déléguions des pouvoirs vers le bas. Alors qu'une Constitution formelle appellerait logiquement un examen judiciaire dans le cadre d'une Cour constitutionnelle européenne, il s'agirait là d'un examen politique, au sein d'une instance d'hommes et de femmes politiques élus. Le processus serait dynamique et non statique, et permettrait de modifier la mise en pratique des principes sans recourir chaque fois à des révisions juridiques compliquées.

Il me semble aussi que cette deuxième chambre pourrait se développer jusqu'à assurer un contrôle démocratique, au niveau européen, de la politique étrangère et de sécurité commune.

Prendre des décisions dans les meilleures conditions, même avec ces changements, sera plus difficile dans l'Union élargie. À terme, je ne crois pas qu'une Commission qui compterait jusqu'à 30 membres puisse fonctionner. L'actuelle Conférence intergouvernementale devra se pencher sur cette question d'effectifs. Une réforme plus radicale que celle-là n'est pas possible cette fois-ci étant donné les préoccupations de certains États. Je dis simplement qu'à mon avis, à la fin, il nous faudra revenir sur la question et rationaliser considérablement. De même, la Conférence intergouvernementale devra-t-elle se pencher sur cet impératif démocratique qu'est la repondération des voix au Conseil.

Prendre des décisions dans les meilleures conditions, c'est aussi, et sans aucun doute, recourir plus souvent au vote à la majorité qualifiée. Cela implique une coopération renforcée. Qu'il y ait plus de souplesse, ou que des groupes d'États membres aillent de l'avant ensemble, ne me pose pas de problème. À condition que cela ne débouche pas sur un noyau dur, c'est-à-dire une Europe dans laquelle certains États créent leurs propres ensembles de politiques et d'institutions communes, dont les autres seront exclus dans la pratique. Il faut que ces groupes, à toutes les étapes, soient ouverts à ceux qui souhaitent les rejoindre.

Je reconnais, avec Guy Verhofstadt, qu'une coopération renforcée est un instrument permettant de structurer l'Union de l'intérieur, et pas un instrument d'exclusion. C'est pourquoi elle ne doit pas servir à affaiblir le marché unique ou d'autres politiques communes. Les garde-fous doivent être stricts. Le traité actuel les impose. Tout changement doit veiller de façon également stricte à éviter une Europe à niveaux multiples ; à engendrer des ensembles de règles différents ; à porter atteinte aux droits de ceux qui ne sont pas en mesure de participer ; ou à éroder les pouvoirs de la Commission en sa qualité de gardienne du traité. Le Parlement européen doit contribuer à faire que ces conditions soient remplies, aussi bien au moment de la décision de coopération renforcée que pendant le temps de la mise en œuvre.

Manifestement, il sera beaucoup plus intéressant d'appliquer la coopération renforcée dans les deux grands domaines de croissance de l'action européenne : la politique étrangère et de sécurité commune d'une part ; la lutte contre le crime par-delà les frontières d'autre part. Dans la lutte contre la criminalité internationale, il serait dans l'intérêt de tous les États que tel ou tel groupe de pays fasse avancer les choses dans des domaines spécifiques. Après tout, c'est ce qui a été fait avec l'accord de Schengen. Ce qui est différent aujourd'hui, c'est que dès le début, nous devons nous situer dans le cadre des traités européens et pas à l'extérieur. L'Italie et l'Allemagne ont proposé des opérations de police conjointes aux frontières extérieures de l'Union. Ce type de coopération entre groupes de pays s'efforçant d'atteindre des buts acceptés par tous, et dans l'intérêt de tous, doit devenir chose commune.

Conclusion

Ne nous trompons pas sur les fondations politiques de l'Europe. Elles ont leurs racines dans l'État-nation démocratique. Efficacité moins démocratie égale tyrannie. La Pologne le sait. Vos compatriotes ont décidé que l'Union européenne était la voie la plus efficace pour rencontrer ce qu'ils recherchent : la prospérité, la sécurité et la force. Nous bâtissons une Europe de partenaires égaux, servis par des institutions qui doivent être indépendantes, mais réactives et responsables. Nous voulons une Europe où il y ait des différences nationales, pas des barrières nationales, et où nous menions de nombreuses politiques en commun en conservant des identités spécifiques, distinctes.

L'Union européenne est le plus grand partenariat économique du monde entre États démocratiques. C'est une chance exceptionnelle pour l'Europe et ses citoyens. Comme c'est une union de démocraties, elle a la capacité de faire régner la paix sur notre continent, de faire naître une prospérité sans précédent, et de faire valoir puissamment les valeurs démocratiques dans le monde.

Notre tâche, avec l'aide des nouvelles démocraties qui sont sur le point d'adhérer, est de faire une Europe plus réactive, au contact des hommes, transparente et plus facile à comprendre, forte de ses nations et de ses régions. Une Europe dont la vision de paix égale la vision de prospérité.

– Continent civilisé uni dans son combat contre la brutalité et la violence.

– Continent prospère uni dans sa volonté de donner leur chance à tous.

– Continent uni dans sa foi en la justice sociale.

– Superpuissance, pas supra-État.

– Centrale économique grâce au plus grand marché unique du monde, à l'élargissement de la concurrence, à une main-d'œuvre bien formée et sachant s'adapter, à des marchés du travail flexibles, au soutien à l'entreprise, grande ou petite.

– Continent sachant s'exprimer dans une défense commune, dans la force de ses valeurs, dans la poursuite de la justice sociale, et dans la riche diversité de ses cultures.

Les pays représentés ici aujourd'hui ont souffert plus que d'autres pour la cause de la liberté. Je veux que vous partagiez, dès que possible, la réussite de l'Union européenne et que vous adhériez, en partenaires égaux, et dans la réalité nouvelle que j'ai décrite, à l'Europe qui se construit.

Intervention du Premier ministre Lionel Jospin sur « L'avenir de l'Europe élargie » le 28 mai 2001

Mesdames, Messieurs,

En cinquante ans, l'Europe s'est faite. Elle vit en paix, la démocratie règne, notre mode de vie séduit.

L'Union européenne a encore progressé récemment. La croissance a repris. Le chômage reflue. Dans moins de huit mois, l'euro sera une réalité concrète pour 300 millions de citoyens européens. La défense européenne se met en place. L'Union réaffirme sa dimension sociale. Elle se donne des instruments pour protéger la santé et l'environnement. Le gouvernement français est fier d'avoir contribué à ces évolutions.

Pourtant un certain désenchantement et des incertitudes se font jour, au sein des peuples comme chez certains responsables politiques. Et il est vrai que l'avenir de l'Europe soulève des questions légitimes. L'Europe ne risque-t-elle pas de se défaire si elle s'élargit jusqu'aux frontières de son continent ? Comment l'ouvrir à la mondialisation sans diluer son identité ? Pour réformer ses institutions, doit-elle estomper le rôle des nations ? Comment faire pour que les citoyens de l'Union s'approprient l'Europe ?

Attentifs à ces interrogations, les chefs d'État et de gouvernement, réunis l'an passé à Nice, ont décidé d'engager une réflexion en profondeur sur l'avenir de l'Union élargie. Les citoyens européens sont invités à y participer. Nous avons décidé d'ouvrir ce débat en France. C'est dans ce cadre que j'inscris mon propos d'aujourd'hui. Il est la contribution du responsable politique que je suis à cette réflexion.

Je suis français. Je me sens européen. Je veux une Europe qui affirme son identité, qui réponde mieux au désir de ses peuples, qui se fasse exemplaire dans le monde.

C'est pourquoi le débat ne doit pas porter uniquement sur la question des institutions et de leur réforme. L'Europe est d'abord un projet politique, un « contenu » avant d'être un « contenant ». L'Europe n'est pas faite seulement de règlements, de directives ou de contentieux. Elle est d'abord une œuvre de l'esprit, un modèle de société, une vision du monde. L'idée européenne inscrite dans la réalité : voilà ce qui compte pour moi. L'Europe que j'aime, celle que je veux avec tant d'autres accomplir, a *un projet de société, une vision du monde, une architecture politique.*

L'Europe doit affirmer un projet de société

Jusqu'à une période récente, l'essentiel des efforts de l'Europe s'est concentré sur la mise en place de l'Union économique et monétaire. Nous en avons tiré de réels bénéfices. Mais il nous faut maintenant élargir la perspective, sous peine de réduire l'Europe à un marché et de la diluer dans la mondialisation. Car l'Europe est bien plus qu'un marché. Elle est porteuse d'un modèle de société, fruit de l'Histoire et qui se déploie au travers de liens toujours plus intenses qui unissent aujourd'hui les peuples européens. Il existe un *art de vivre* à l'européenne, une façon propre d'agir, de défendre les libertés, de lutter contre les inégalités et les discriminations, de penser et d'organiser les relations de travail, d'accéder à l'instruction et aux soins, d'aménager le temps. Chacun de nos pays a ses traditions et ses règles mais celles-ci composent un univers commun.

Ce modèle de société original, nous devons désormais l'inscrire dans les traités et le faire vivre dans nos politiques. La justification de l'Europe, c'est sa différence. Rappelons-nous que l'Europe est une civilisation, c'est-à-dire tout à la fois un territoire, une histoire partagée, une économie unifiée, une société humaine et des cultures diverses qui dessinent ensemble une culture.

Cette civilisation repose sur une communauté de valeurs

Au premier rang de celles-ci, il y a la démocratie et les droits de l'homme. Les « Pères fondateurs » ont voulu et construit l'Europe politique pour délivrer notre continent des impérialismes solitaires ainsi que des totalitarismes meurtriers qui l'ont ensanglanté au XXe siècle. Grâce à eux, l'Europe est désormais une terre de paix. Les ennemis d'hier se sont réconciliés. La désunion a laissé place à la recherche d'une unité renforcée. L'Europe est l'espace de la planète où l'État de droit est le mieux accompli. Elle est le seul ensemble politique au sein duquel la peine de mort n'existe plus. Elle est cette terre où le respect de la personne humaine est poussé à son plus haut point. Elle a vocation à porter plus loin ce message.

L'Europe refuse de dissocier la prospérité économique du progrès social. C'est ainsi qu'elle a pu se relever des guerres qui l'ont ravagée. Malgré les inégalités qui subsistent, elle connaît aujourd'hui un très haut niveau de développement économique. Des droits sociaux ont été conquis : le droit à la protection sociale, les droits syndicaux, le droit à une éducation gratuite.

C'est pour proclamer ces valeurs que nous avons doté l'Union d'une *Charte des droits fondamentaux.* Qu'il s'agisse de dignité et d'intégrité de la personne humaine, de libertés ou de solidarité, d'égalité, de citoyenneté ou de justice, ou encore de droits nouveaux – tels ceux qui s'attachent à la préservation de notre patrimoine naturel –, l'ensemble des principes qui fondent la civilisation européenne sont ainsi consacrés. Cette Charte mérite d'être considérée comme la clé de voûte de la construction européenne. Je souhaite qu'elle fasse partie intégrante du pacte qui unit les nations d'Europe et qui fonde, entre les Européens, une communauté de destin.

Cette communauté de destin doit mieux inspirer nos politiques communes

L'Europe a besoin de plus de solidarité économique. La monnaie unique nous apporte désormais une précieuse stabilité. Depuis deux ans, l'euro a joué son rôle de *bouclier* commun contre les crises financières internationales et les dévaluations compétitives. Pour équilibrer l'édifice de l'Union, il nous faut maintenant nous doter d'un *gouvernement économique* de la zone euro. La coordination des politiques économiques doit être considérablement accrue. Je propose que tout État membre consulte en amont ses partenaires et tienne compte de leur recommandation avant de prendre une décision ayant des conséquences globales sur la zone. Créons un fonds d'action conjoncturelle, auquel chaque État serait éligible, qui permettrait de soutenir tout pays membre frappé par les turbulences économiques mondiales. Il faut s'attaquer enfin aux comportements qui attentent à l'intérêt général européen. La lutte contre le *dumping fiscal* est une priorité immédiate : il n'est pas acceptable que certains États membres usent d'une concurrence fiscale déloyale pour attirer les investissements internationaux et les délocalisations des sièges sociaux de groupes européens. À terme, une harmonisation globale de la fiscalité des entreprises est nécessaire.

Cette cohérence économique doit être au service de la solidarité sociale. Les citoyens l'appellent de leurs vœux. L'Europe ne saurait être une simple zone de libre-échange. Depuis quatre ans, le Gouvernement français s'est battu pour réorienter la construction européenne au profit de la croissance et de l'emploi. Des progrès importants ont été réalisés avec l'adoption de l'agenda social européen. Ces objectifs doivent se traduire par des résultats concrets, pour toutes les catégories de travailleurs. Les conditions de travail des salariés doivent être harmonisées vers le haut. Faisons reculer la précarité et combattons les discriminations. Créons les conditions d'un dialogue social avec les syndicats à l'échelle européenne. Un véritable droit social européen fixant des normes communes ambitieuses doit être édifié, notamment en matière d'information et de participation des salariés dans la vie des entreprises, de droit des licenciements, de lutte contre le travail précaire et de politique salariale. Notre perspective doit être celle d'un *traité social européen.*

De même, les Européens ont besoin, pour garantir l'égalité des citoyens, leur solidarité et l'intérêt général, de *services publics forts et efficaces.* Je suis favorable à une directive européenne qui définirait un cadre juridique permettant de consolider, sous la responsabilité des États, le rôle des services publics en Europe.

Au service de l'emploi, l'Europe doit avoir une *ambition industrielle forte.* L'intégration européenne permet des réussites majeures : hier, Ariane et Airbus ; aujourd'hui, EADS dans le domaine de l'aéronautique civile ou, dans la sphère militaire, le projet de gros avion de transport. Ces partenariats sont importants pour nos industries : ils leur offrent les moyens nécessaires à leurs investissements, ils leur confèrent une taille critique sur le marché mondial, ils permettent d'éviter une domination exclusive des États-Unis dans des secteurs décisifs.

Dans le même esprit, l'Europe doit s'affirmer comme *le continent de la science et de l'innovation.* Le savoir est un élément de la conscience européenne. Mais l'éclatement de la recherche européenne en autant d'efforts nationaux trop peu coordonnés réduit aujourd'hui son efficacité. Il est urgent de constituer un véritable espace européen de la recherche, dans des domaines aussi essentiels que la santé ou l'environnement, comme l'Europe a su le faire en matière spatiale, avec l'Agence spatiale européenne.

L'unité de l'Europe appelle des droits et protections renforcés pour tous les Européens

Nous devons édifier un espace de droit commun, dont la Charte sera la référence. La Cour européenne de justice devrait pouvoir être saisie, dans certaines conditions, directement par les citoyens. Il nous faut harmoniser les différentes règles nationales de fond et de procédure. Dans l'immédiat, une reconnaissance mutuelle effective des décisions de justice et la création d'une instance arbitrale pour trancher les conflits de droits nationaux constitueraient des avancées importantes ; je pense en particulier à la douloureuse question des divorces de couples binationaux.

L'un des droits fondamentaux du citoyen est la sécurité. L'Europe doit aider à la garantir.

Je pense d'abord à la *lutte contre la criminalité.* Parce que le crime organisé ne connaît pas de frontières – on le voit particulièrement avec le blanchiment d'argent, le trafic de drogue et toutes les formes contemporaines de traite des êtres humains –, il faut le combattre au niveau de l'Europe. Plusieurs de nos partenaires ont proposé la création d'une police européenne intégrée. Pour ma part, j'y souscris. Je propose la création d'une police criminelle opérationnelle, dont Europol serait le noyau. Confions aussi à une police spécifique la mission d'assurer la protection des frontières extérieures de l'Union et de ses aéroports internationaux.

La sécurité des Européens passe aussi par la mise en place d'un véritable espace judiciaire européen qui, s'appuyant sur une coopération renforcée entre magistrats et sur la poursuite de l'harmonisation du droit pénal des États membres, pourrait conduire à terme à *la création d'un parquet européen.* Celui-ci serait chargé de coordonner les poursuites et l'action publique au niveau européen et faciliterait, notamment, l'exécution des commissions rogatoires sur tout le territoire de l'Union.

La sécurité sanitaire est une autre exigence. Les récentes crises, en particulier celle de la « vache folle », ont montré les menaces que fait courir aux consommateurs le productivisme à outrance. Nous devons collectivement en tirer une leçon urgente : le citoyen est aussi un consommateur dont il faut renforcer la protection. Dotons l'Union d'un statut du consommateur européen, fondé sur le principe de précaution, la transparence dans l'information et la traçabilité des produits « de la fourche à la fourchette ». Je propose, en outre, dans le domaine de la santé humaine, la création d'un réseau de surveillance et d'alerte sanitaires permettant une réaction immédiate des autorités publiques face au déclenchement d'une crise.

Mesdames, Messieurs,

Dans un monde désormais globalisé, notre Europe ne saurait se contenter d'être un îlot de prospérité relative et de stabilité. Ce repli égoïste serait une illusion et un reniement. L'Europe porte un modèle, mais un modèle ouvert au monde, notamment à la Méditerranée et à ses rives. Elle a vocation à orienter la mondialisation dans le sens du droit et de la justice.

L'Europe doit peser sur le cours du monde

Je veux une Europe forte, qui assume pleinement sa responsabilité dans la redéfinition de l'ordre mondial et qui se donne les moyens de porter son message de paix, de solidarité et de pluralisme.

Au nom de ce pluralisme,
l'Europe doit faire vivre la diversité culturelle

La diversité des cultures est un des éléments les plus précieux du patrimoine de l'humanité. Or celle-ci est aujourd'hui menacée. La loi du marché pousse à l'uniformité des modes de consommation et à la concentration des industries culturelles. Bien entendu, certaines formes d'expression – je pense en particulier au cinéma – ont acquis une dimension industrielle. Mais il faut nous préserver, collectivement, de la menace de l'uniformité et de l'envahissement de produits culturels émanant d'une source unique. C'est là un enjeu de civilisation fondamental. C'est là un combat pour les cultures européennes, bien sûr, mais aussi pour toutes les cultures. Un combat porté par l'Europe à l'OCDE – quand elle dénonce l'Accord multilatéral sur l'investissement – et au sein de l'Organisation mondiale du commerce – lorsqu'elle défend la spécificité de la création et des œuvres culturelles. Elle doit poursuivre en ce sens.

L'Europe est consciente de cet enjeu parce qu'elle porte en elle-même une exceptionnelle diversité de cultures. Ces cultures, dans toutes leurs composantes – religieuses, philosophiques, littéraires, musicales ou plastiques – et dans toutes leurs expressions, nous en sommes les héritiers. Elles forment notre patrimoine commun. C'est pourquoi pour nous, Européens, la culture n'est pas une marchandise. Elle est d'abord une part de notre identité.

Pour faire vivre cette identité, *l'Europe doit permettre à tous de partager ce patrimoine.* Favorisons mieux encore la mobilité des étudiants, des artistes et des chercheurs. D'ici dix ans, tous les jeunes Européens devraient pouvoir accomplir une partie de leur scolarité dans un autre pays de l'Union que le leur. Faisons de l'enseignement d'au moins deux langues européennes, dès le plus jeune âge, une règle. Tout doit être fait – notamment à l'école – pour que nos enfants prennent conscience que leur héritage national s'inscrit dans une richesse plus vaste encore, celle de l'Europe.

Parce que la culture est vivante, *il appartient à l'Europe de favoriser la création.* La culture doit bénéficier d'une politique commune, conçue spécifiquement et non dominée par les règles de la concurrence et du marché intérieur. Dans cet esprit, je propose la mise en place, au niveau européen, de mécanismes de soutien à la création cinématographique, audiovisuelle et informatique et celle de studios européens. Au moment où se multiplient dans tous nos pays les bouquets numériques, l'Europe devrait disposer d'une chaîne de télévision qui lui soit propre, sur le modèle réussi d'Arte.

À mes yeux, l'engagement de l'Europe pour la diversité culturelle est exemplaire de notre vision d'une société internationale ouverte et solidaire.

Animée par cette conception, l'Europe a vocation à défendre la paix et la démocratie dans le monde

Face aux tentations de l'unilatéralisme – c'est-à-dire de la loi du plus fort ou des visions trop simples –, l'Europe doit être un facteur d'équilibre dans les relations internationales. Elle ne veut pas être une puissance dominante mais elle peut mettre sa puissance au service de valeurs.

L'Europe est capable de faire entendre sa voix grâce à une politique étrangère commune. Approfondissons nos « stratégies communes » dans les zones du monde où nos intérêts sont en jeu. Renforçons le rôle du Haut représentant pour la PESC. Veillons à la cohérence de nos diplomaties nationales avec la définition d'une politique qui nous soit commune. Travaillons au rayonnement, à travers le monde, d'une Europe présente et active. L'unification de la représentation externe de la zone euro à travers une présidence élue de l'eurogroupe y contribuera. Mettons-la en place à brève échéance. Par ailleurs, la fusion des réseaux consulaires européens à l'étranger permettrait à des

« maisons de l'Europe » d'être au service de tous les Européens expatriés à travers le monde. Ces maisons conforteraient chez eux le sentiment de la citoyenneté européenne.

Pour assurer sa sécurité, mais aussi pour contribuer au maintien de la paix dans le monde, l'Europe a besoin d'une défense commune. Ses fondations ont été jetées. Grâce aux récentes décisions, prises sous la présidence française de l'Union, l'Europe est en passe de se doter d'une force de réaction rapide encadrée par des institutions politiques et militaires permanentes. L'Union demande une doctrine globale d'intervention et d'emploi de cette force. La priorité va aujourd'hui au renforcement d'une politique de prévention des conflits, qui est la mieux à même d'assurer une sécurité durable. Dans le même temps, l'Europe doit définir, en fonction de ses intérêts propres et dans le respect de ses alliances, une stratégie de défense à long terme. Cela suppose en particulier qu'elle adopte une position cohérente face à l'initiative controversée des États-Unis de créer un bouclier antimissile.

Au-delà des questions diplomatiques et de sécurité, l'économie et le commerce doivent être organisés de façon plus juste et plus efficace.

L'Europe doit aider à construire la régulation dont le monde a besoin

Pour empêcher que les intérêts privés étouffent l'intérêt général, que la recherche du profit à court terme ignore la justice sociale et dégrade l'environnement, il faut définir des « règles du jeu ». L'Union européenne peut tenir un rôle de premier plan dans la définition de cette régulation et se mettre au service de trois priorités.

Il faut donner un cadre stable à l'économie mondiale. Les récentes crises économiques et financières ont démontré que des règles, publiques et privées, sont indispensables au bon fonctionnement de l'économie de marché. Depuis trois ans, pour tirer les leçons de ces crises, d'importants progrès ont été accomplis. Mais beaucoup reste à faire, et d'abord en matière de régulation financière internationale. Renforçons le rôle des institutions de Bretton Woods dans la gestion et la prévention des crises. Assurons mieux leur transparence et leur responsabilité politique. Premier actionnaire de ces institutions, l'Union européenne doit y faire entendre sa voix. Réfléchissons, pour les pays de la zone euro, à une représentation coordonnée, voire unique, dans ces institutions. Luttons contre la criminalité financière et la concurrence fiscale déloyale ; les hésitations de la nouvelle administration américaine ne sauraient remettre en cause les travaux du Groupe d'action financière international et de l'OCDE. L'Europe continuera d'affirmer ses positions en faveur de la réforme de l'architecture financière internationale.

Nous voulons un commerce équitable. L'Europe s'est battue pour la création de l'OMC parce que cette organisation traite les conflits commerciaux par des procédures objectives, en nous préservant de l'unilatéralisme. Cette régulation va dans l'intérêt même de l'essor du commerce international. L'Europe devra plaider, à l'OMC, pour une politique commerciale posant des limites claires. La libéralisation du commerce n'a pas à porter atteinte aux services publics, à la diversité culturelle, au progrès social ou à la sécurité alimentaire. Il faut que l'Europe accentue son effort de solidarité envers les pays en développement pour faire reculer la pauvreté. Le Sud a besoin de l'Europe. Celle-ci se battra pour aider ces pays à trouver toute leur place dans les échanges mondiaux. Elle contribuera à alléger le poids de la dette, premier obstacle à leur développement.

Il n'est de développement que durable. La planète est menacée. Notre responsabilité devant les générations futures est engagée. L'Europe, vieille terre industrielle, espace de population très dense, modestement dotée en matières premières, ayant tiré les leçons des chocs pétroliers, sait que la Terre n'est pas un stock inépuisable de ressources naturelles. C'est pourquoi elle est à la tête du combat pour le développement durable, au moment où les États-Unis semblent éluder leurs responsabilités. Il lui revient de montrer l'exemple : le développement durable est désormais un objectif prioritaire de la construction communautaire. Près de dix ans après l'acte fondateur de Rio, il faut aller au-delà. Fer de lance de la création d'une autorité mondiale de l'Environnement que mon gouvernement a proposée, l'Europe devrait porter une politique ambitieuse de recherche et de promotion de technologies respectueuses de l'environnement.

Mesdames, Messieurs,

L'Europe a besoin d'institutions dignes de son projet de société et de sa vision du monde. C'est là où la réflexion institutionnelle trouve sa pleine justification.

L'Europe politique exige des réformes profondes

Un débat est engagé sur l'avenir de l'Union. Le terme de cette réflexion a été fixé à 2004. Nous savons aussi que les conséquences à tirer de cette réflexion devront l'être à l'unanimité. Le consensus sera donc nécessaire entre les Quinze. Nous devons bien sûr prendre en compte les préoccupations des pays candidats. La plupart d'entre eux bénéficient des institutions démocratiques et vivent leur indépendance depuis une décennie seulement. Il est indispensable de les associer à notre réflexion.

Des contributions intéressantes ont déjà été apportées à ce débat. Des « modèles » institutionnels ont été proposés. En Allemagne, par exemple, le SPD a suggéré pour l'Europe une construction fortement inspirée par le système politique de son pays. D'autres propositions ont été faites ou viendront. Au terme du processus, il faudra chercher la ligne d'un compromis acceptable par tous. C'est pourquoi l'on ne peut avancer des architectures institutionnelles ou proposer des formules sans avoir réfléchi, au préalable, au sens politique que l'on veut donner à l'Europe. On ne peut en particulier faire l'économie d'une réflexion sur la place des nations au sein de l'ensemble européen.

J'apporterai la mienne dans cet esprit. Je ne sépare pas la France de l'Europe. Comme tant d'autres Européens convaincus, je désire l'Europe mais je reste attaché à ma nation. Faire l'Europe sans défaire la France – ni aucune des autres nations européennes : tel est mon choix politique.

Ainsi, je fais mienne la belle idée de « fédération d'États-nations »

« Fédération » : voilà un mot qui présente les apparences de la simplicité et les attraits de la cohérence, mais qui recèle en réalité une diversité de sens. Pour certains, ce terme signifie un exécutif européen qui tirerait sa légitimité du seul Parlement européen. Cet exécutif aurait le monopole de la diplomatie et de la défense. Dans ce nouvel ensemble, les États actuels auraient le statut des *Länder* allemands ou des États fédérés américains. La France, comme d'ailleurs d'autres nations européennes, ne saurait accepter un tel statut ni cette conception de la « fédération ».

Si, en revanche, on entend par « fédération » une démarche progressive et maîtrisée de partage ou de transfert de compétences au niveau de l'Union, alors on se réfère à la « fédération d'États-nations », selon la formule forgée par Jacques Delors. C'est là une notion à laquelle je souscris pleinement. D'un point de vue juridique, elle peut sembler ambiguë. Mais je la juge politiquement pertinente, car l'Europe est une construction politique originale, mêlant de façon indissociable en un précipité singulier deux éléments différents : l'idéal fédératif et la réalité des États-nations européens.

C'est pourquoi la notion de « fédération d'États-nations » traduit avec justesse la tension constitutive de l'Union européenne. Il y a les nations, fortes, vivantes, attachées à leur identité, qui font la richesse de notre continent. Et puis il y a aussi la volonté d'unir, de bâtir un ensemble qui rendra chacun plus fort. Il y a d'un côté l'histoire, marquée par les rivalités et les égoïsmes nationaux, et de l'autre le projet, tourné vers l'harmonie et l'alliance. Des éléments fédératifs très forts existent déjà : la primauté du droit européen, sanctionnée par la Cour de justice, une Commission indépendante, un Parlement européen élu au suffrage universel, le marché et la monnaie uniques. Mais la coopération intergouvernementale occupe encore une place importante et restera indispensable.

Si nous voulons aller vers une telle fédération, il nous faut clarifier les compétences respectives de l'Union et des États. Il faut le faire selon le principe de la subsidiarité. Cela doit être l'occasion de simplifier des traités qui sont devenus indéchiffrables au fil des négociations successives et au gré de l'empilement des politiques communes.

Cette clarification ne doit pas remettre en cause des compétences partagées. Celles-ci favorisent les synergies entre l'action des États et celle de l'Union. Il en est ainsi, par exemple, pour la formation, l'éducation et la culture. Ces domaines sont et resteront de la compétence principale des États ; mais ils font aussi l'objet, pour le bien de tous, de politiques communes ou de programmes communautaires qu'il faudra développer encore dans l'avenir.

A fortiori, nous devons refuser la renationalisation de politiques jusqu'à présent définies et conduites au niveau de l'Union. Il y aurait un paradoxe à suggérer des pas en avant vers une plus forte intégration européenne tout en commençant par opérer des replis nationaux. Je pense en particulier aux fonds structurels. Quant à la politique agricole commune, elle doit rester au niveau européen mais être réorientée. Tout en préservant la compétitivité de notre agriculture, il faut aider les agriculteurs à produire mieux pour répondre aux attentes de qualité et de sécurité alimentaires. La politique agricole commune doit encourager un développement plus équilibré de l'espace rural, préservant la diversité des terroirs et des pratiques agricoles.

Il conviendra en revanche de mieux assurer dans certains domaines *la répartition « verticale » des compétences* : le cadre général, fait de principes ou d'objectifs, serait alors défini au plan européen tandis que la mise en œuvre politique et technique serait assurée par les États ou les régions, selon les formes constitutionnelles et les institutions administratives de chaque État membre. Ainsi évitera-t-on la multiplication des normes de détail jugées souvent à juste titre – je pense par exemple à la chasse – comme excessivement tatillonnes.

Une « fédération d'États-nations » implique que les parlements nationaux soient mieux associés à la construction européenne. Renforçons les pratiques actuelles, trop timides, de concertation entre le Parlement européen et les parlements nationaux. Confions à un organe commun – Conférence permanente des Parlements ou « Congrès » – un vrai rôle politique. Réuni en sessions périodiques, il contrôlerait le respect de la subsidiarité par les instances communautaires et débattrait chaque année de « l'état de l'Union ». Ce « Congrès » pourrait jouer un rôle dans l'évolution des règles de l'Union. À l'exception des normes de nature « constitutionnelle », pour lesquelles les procédures actuelles de ratification resteraient en vigueur, les modifications apportées dans les traités aux règles techniques relatives aux politiques communes pourraient suivre, grâce à ce « Congrès », des procédures simplifiées. Cette formule remplacerait avantageusement, dans l'Europe de demain, la trentaine d'autorisations de ratification nationale qui aurait été sinon nécessaire. Nous pourrions ainsi faire évoluer nos politiques communes avec plus de souplesse.

Dans la perspective de l'élargissement, les coopérations renforcées seront indispensables. L'élargissement de l'Europe est une nécessité historique ; mais c'est aussi un défi. Avec l'adhésion de nouveaux membres, l'Europe devra apprendre à maîtriser sa diversité. L'Europe à deux vitesses est une perspective inacceptable. Mais la paralysie institutionnelle est une menace qu'il nous faut conjurer. Ceux qui souhaitent aller de l'avant devront pouvoir le faire. C'est pourquoi le mécanisme des coopérations renforcées a été judicieusement assoupli à Nice. Il pourrait évidemment trouver à s'appliquer en matière de coordination économique, autour de l'euro, mais aussi dans des domaines tels que la santé ou l'armement. Ces coopérations permettront à un groupe d'États de renouveler la force d'entraînement qui a toujours été indispensable à la construction européenne.

Notre Union tirera aussi sa force de la vitalité de sa vie démocratique.

L'Europe doit constituer, pour ses citoyens, un véritable espace politique

Un espace où vive un débat et où se rencontrent de véritables partis européens, comme l'est déjà le Parti des socialistes européens. Un espace où les peuples d'Europe pourraient ainsi, en élisant leurs représentants, exprimer des choix politiques clairs. Un espace où les responsabilités de ceux qui décident seraient mieux marquées.

L'Europe est devenue un horizon familier à nos concitoyens, mais ceux-ci ressentent le besoin profond de mieux s'approprier l'Europe. Ils veulent en tracer le dessin. Pour eux, l'élection au Parlement européen devra s'affirmer comme le temps fort de la vie démocratique européenne. Je souhaite une réforme profonde du mode d'élection actuel. Recherchons un mode de scrutin combinant, dans chaque État membre, la proportionnelle et un système de grandes circonscriptions régionales. Ceci permettrait de rapprocher l'élu de l'électeur.

Entre deux élections, cette vie démocratique ne doit pas s'assoupir. Dans cet esprit, je propose trois pistes. D'abord, la consultation directe de la société civile, grâce à des forums de dialogue. Appuyons-nous sur la richesse du monde associatif en France et en Europe. Appuyons-nous sur les nouvelles technologies de la communication, à l'image du projet d'élection en ligne du premier Conseil étudiant européen. Ensuite, l'organisation régulière, au sein des États membres, de consultations sur un sujet politique important, clairement identifié et de nature européenne. Cette consultation se ferait à travers les parlements nationaux ou des forums *ad hoc*. Enfin, le renforcement du rôle du médiateur européen, dont l'existence reste ignorée par l'immense majorité des citoyens européens. Son rôle serait accru grâce à l'instauration de correspondants nationaux et locaux. Le médiateur serait alors en mesure de remplir pleinement sa mission de résolution amiable des conflits entre les citoyens et les institutions européennes.

Celles-ci ont à l'évidence besoin d'être réformées.

Les institutions européennes doivent gagner en cohérence et en efficacité

Le système institutionnel européen est construit autour du triangle de la Commission, du Conseil et du Parlement européen. Cet équilibre reste essentiel. Des évolutions sont néanmoins nécessaires.

Il faut mieux garantir l'intérêt général européen. C'est là le rôle de la *Commission européenne*. Son autorité et sa légitimité politiques sont donc à renforcer. À cette fin, je propose la désignation d'un président de la Commission issu de la formation politique européenne victorieuse aux élections européennes.

Le *Parlement européen*, expression de la volonté des peuples, exercerait ainsi plus nettement son rôle d'institution devant laquelle la Commission est politiquement responsable et par laquelle elle peut même être censurée. En contrepartie, la responsabilité de l'Assemblée de Strasbourg devrait être mieux définie. Je propose d'instituer, pour le Conseil européen, un droit de dissoudre le Parlement, sur proposition de la Commission ou des États membres. Cela pourrait jouer en cas de crise politique ou pour lever un blocage institutionnel. Un équilibre de ce type, on le sait, caractérise la plupart des grandes démocraties représentatives.

Comme la Commission, *le Conseil* a besoin d'être renforcé parce qu'il ne joue plus suffisamment son rôle. Le futur traité devrait consacrer pleinement le Conseil européen rassemblant les chefs d'État et de gouvernement ainsi que le président de la Commission. Ce Conseil devrait avoir la responsabilité d'approuver un véritable programme de « législature » pluriannuel, à partir d'une proposition de la Commission et du Parlement européen. Il devrait se réunir de façon plus fréquente – par exemple tous les deux mois – et consacrer ses travaux, sans à-côtés protocolaires, aux débats d'orientation et aux grandes décisions de l'Union.

Par ailleurs, le moment est venu de réfléchir à la mise en place d'un Conseil permanent des ministres. Ses membres, sortes de Vice-Premiers ministres, coordonneraient les questions européennes dans leur propre gouvernement national. Une telle formation pourrait assurer les fonctions d'impulsion, de préparation et de coordination du travail européen en amont du Conseil européen. En liaison avec le Parlement européen, elle assumerait mieux son rôle de co-législateur dans l'élaboration des « lois » européennes. S'agissant de cette dernière fonction, la règle des délibérations devrait être systématiquement celle de la majorité qualifiée.

Telles sont les orientations et les réformes qui pourraient fonder, selon moi, l'architecture institutionnelle de l'Europe de demain.

Ces voies dessinent la perspective, à laquelle je suis favorable, d'une Constitution européenne. Celle-ci déterminerait l'organisation et le fonctionnement des institutions européennes. Bien entendu, il ne suffirait pas de baptiser « Constitution » un nouveau traité. Un tel texte n'aurait de sens que s'il était l'aboutissement de réformes profondes et non le produit d'une simple réécriture des traités actuels. Il importe en même temps que cette démarche constitutionnelle exprime un acte politique fondamental : l'affirmation d'un projet commun, l'expression d'une ambition collective. Cette démarche serait d'abord, bien entendu, conduite par les gouvernements ; mais elle devrait aussi être l'affaire des citoyens. La Charte des droits fondamentaux serait au cœur de cette Constitution. À l'image de la méthode retenue avec succès pour élaborer la Charte, la préparation de cette Constitution pourrait être confiée au niveau européen à une Convention réunissant des représentants des différents acteurs de l'Union : États, parlements nationaux, Parlement européen, société civile. Les décisions finales reviendraient aux États et seraient ratifiées par les peuples.

Mesdames, Messieurs,

Parce que je ne suis pas un Européen tiède, je ne veux pas d'une Europe fade.

L'Europe que j'aimerais construire est une Europe forte, consciente de son identité politique, respectueuse des peuples qui la composent, assumant ses responsabilités dans le monde, prête à supporter la charge de sa défense, déterminée à préserver son modèle équilibré de développement économique et social, décidée à définir en toute indépendance et à défendre avec opiniâtreté ses intérêts diplomatiques, industriels et commerciaux, attachée passionnément à sa diversité culturelle. L'édification de l'Europe exige de nous le meilleur : l'ambition et l'imagination dans la perspective, l'humilité et la ténacité dans l'effort.

J'ai la volonté de répondre, avec d'autres, à l'appel de l'Europe.

Déclaration relative à l'avenir de l'Union

1. Des réformes importantes ont été décidées à Nice. La Conférence se félicite que la Conférence des représentants des gouvernements des États membres ait été menée à bien et engage les États membres à faire en sorte que le traité de Nice soit ratifié sans tarder.

2. Elle convient que la conclusion de la Conférence des représentants des gouvernements des États membres ouvre la voie à l'élargissement de l'Union européenne et souligne que, lorsque le traité de Nice sera ratifié, celle-ci aura achevé les changements institutionnels nécessaires à l'adhésion de nouveaux États membres.

3. Ayant ainsi ouvert la voie à l'élargissement, la Conférence souhaite qu'un débat à la fois plus large et plus approfondi s'engage sur l'avenir de l'Union européenne. En 2001, les présidences suédoise et belge, en coopération avec la Commission et avec la participation du Parlement européen, encourageront un large débat associant toutes les parties intéressées : les représentants des parlements nationaux et de l'ensemble de l'opinion publique, à savoir les milieux politiques, économiques et universitaires, les représentants de la société civile, etc. Les États candidats seront associés à ce processus selon des modalités à définir.

4. À la suite d'un rapport qui sera établi pour le Conseil européen de Göteborg de juin 2001, le Conseil européen, lors de sa

réunion de Laeken/Bruxelles en décembre 2001, adoptera une déclaration contenant des initiatives appropriées pour poursuivre ce processus.

5. Ce processus devrait porter, entre autres, sur les questions suivantes :

– comment établir, et maintenir ensuite, une délimitation plus précise des compétences entre l'Union européenne et les États membres, qui soit conforme au principe de subsidiarité ;

– le statut de la Charte des droits fondamentaux de l'Union européenne, proclamée à Nice, conformément aux conclusions du Conseil européen de Cologne ;

– simplifier les traités afin qu'ils soient plus clairs et mieux compris, sans en changer le sens ;

– le rôle des parlements nationaux dans l'architecture européenne.

6. En retenant ces thèmes de réflexion, la Conférence reconnaît la nécessité d'améliorer et d'assurer en permanence la légitimité démocratique et la transparence de l'Union et de ses institutions, afin de les rapprocher des citoyens des États membres.

7. La Conférence convient que, une fois ce travail préparatoire accompli, une nouvelle Conférence des représentants des gouvernements des États membres sera convoquée en 2004 pour traiter des points ci-dessus en vue d'apporter aux traités les changements correspondants.

8. La Conférence des représentants des gouvernements des États membres ne constituera en aucun cas un obstacle au processus d'élargissement ni une condition préalable de celui-ci. En outre, les États candidats qui auront achevé les négociations d'adhésion avec l'Union seront invités à participer à la Conférence. Ceux qui ne les auront pas achevées seront invités à y participer en qualité d'observateurs.

Index des noms de personnes

collection Références

Références inédites

Daniel Boy, Nonna Mayer (dir.), *L'électeur a ses raisons.*
Philippe Braud, *L'émotion en politique.*
Olivier Dabène, *La région Amérique latine.*
Gilbert Étienne, *Chine-Inde : le match du siècle.*
Charles-Philippe David, *La guerre et la paix. Approches contemporaines de la sécurité et de la stratégie.*
Élisabeth Dupoirier (dir.), *Régions : la croisée des chemins.*
Cynthia Gorrha-Gobin, *Les États-Unis entre local et mondial.*
Marie-Christine Kessler, *La politique étrangère de la France.*
Jean-Louis Quermonne (dir.), *Les mots de l'Europe. Lexique de l'intégration européenne.*
Denis Retaillé, *Le monde du géographe.*
Philippe Richer (dir.), *Crises en Asie du Sud-Est.*
Gilbert Rist, *Le développement.*
Marie-Claude Smouts (dir.), *Les nouvelles relations internationales.*
Emiliano Grossman, Bastien Irondelle, Sabine Saurugger, *Les mots de l'Europe. Lexique de l'intégration européenne.*

Références académiques

Francis de Baecque, Jean-Louis Quermonne, *Administration et politique sous la Cinquième République.*
Georges Balandier, *Sociologie des Brazavilles noires.*
Jean-François Bayart, *L'État du Cameroun.*
Pierre Birnbaum, Jean Leca, *Sur l'individualisme.*
Guy Bois, *Crise du féodalisme.*
Jacques Capdevielle, Élisabeth Dupoirier, Gérard Grunberg, Étienne Schweisguth, Colette Ysmal, *France de gauche, vote à droite ?*
Hélène Carrère d'Encausse, *Réforme et révolution chez les musulmans de l'Empire russe.*
CEVIPOF, *L'électeur français en questions.*

Michel Debré, Nicolas Wahl, *Naissance de la Cinquième République.*
Alain Dieckhoff, *Les espaces d'Israël.*
Michel Dobry, *Sociologie des crises politiques.*
Olivier Duhamel, Jean-Luc Parodi, *La Constitution de la Cinquième République.*
Jean-Baptiste Duroselle, *La France de la « Belle Époque ».*
Daniel Gaxie, *Explication du vote.*
Zaki Laïdi, *L'ordre mondial relâché.*
Rémy Leveau, *Le fellah marocain, défenseur du trône.*
Rémy Leveau, Gilles Kepel, *Les musulmans dans la société française.*
Jacques Lévy, *Géographies du politique.*
Jacques Mairesse, *Emploi et chômage.*
Nonna Mayer, Pascal Perrineau, *Le Front national à découvert.*
Yves Mény, *Idéologies, partis politiques et groupes sociaux.*
Janine Mossuz-Lavau, *André Malraux et le gaullisme.*
Marguerite Perrot, *Le mode de vie des familles bourgeoises,* 1873-1953.
Nicole Racine, Louis Bodin, *Le Parti communiste français pendant l'entre-deux-guerres.*
Bruno Rémond, *Sirius face à l'histoire.*
Pierre Renouvin, René Rémond, *Léon Blum, chef de gouvernement (1936-1937).*
Renaud Sainsaulieu, *L'identité au travail.*
Renaud Sainsaulieu, *L'entreprise, une affaire de société.*
Lucien Sfez, *Critique de la décision.*
Roger Thabault, *Mon village.*
Mohamed Tozy, *Monarchie et islam politique au Maroc.*

Références OFCE

Jean-Paul Fitoussi, *À l'Est, en Europe. Des économies en transition.*
Jean-Paul Fitoussi, *Entre convergences et intérêts nationaux : l'Europe.*
Jean-Paul Fitoussi, Philippe Sigogne, *Les cycles économiques* (tome 1).
Jean-Paul Fitoussi, Philippe Sigogne, *Les cycles économiques* (tome 2).

Jean-Paul Fitoussi, Jacques Le Cacheux, *L'élargissement à l'Est de l'Europe.*

Jacques Le Cacheux (dir.), *Élargissement de l'Europe : la nouvelle vague.*

Pierre-Alain Muet, *Le chômage persistant en Europe.*

Taux d'intérêt et chômage. Deuxième rapport du GIPE de l'OFCE.

Pour l'emploi et la cohésion sociale. Troisième rapport du GIPE de l'OFCE.

Références/Facettes

Olivier Dumoulin, *Marc Bloch.*
Bruno Goyet, *Charles Maurras.*
Stéphane Sirot, *Maurice Thorez.*
Pierre Brocheux, *Ho Chi Minh.*
Claude Markovits, *Gandhi.*
Denis Woronoff, *François de Wendel.*
Jérôme Grévy, *Garibaldi.*

Transcodé et achevé d'imprimer
par l'Imprimerie Floch
à Mayenne, en février 2002.
Dépôt légal : mars 2002.
Numéro d'imprimeur : 53335.
Imprimé en France.